旅館暨餐飲業
人力資源管理

張麗英　著

【李序】

　　第一次遇到麗英是在亞都麗緻大飯店，當時與嚴長壽總裁正在進行欣葉的第一個訓練課程，對於麗英認真的教學態度及專業的人資素養印象十分深刻，當下曾對總經理提到欣葉總公司規模日益擴大，真的需要一位像麗英這樣專業的人資主管！後來麗英因家庭因素由麗緻管理顧問公司離職後，當總經理向我告知她將進入欣葉擔任人資主管一職時，我真的非常高興因為我相信她會做的很好。在欣葉的三年中，麗英不但建立起所有的人資制度，更以專業的人資處理技巧讓許多主管對她非常信服，也由於她的努力讓欣葉正式邁入制度化的階段。爾後雖然因為私人因素，麗英離開了欣葉但她專業的精神還是常為許多主管津津樂道的。

　　但讓我最佩服麗英的是她對抗病魔的樂觀精神，當我得知她罹患乳癌時心中非常難過，因為她還那麼年輕還有三個小孩，她該如何度過及面對未來呢？當我再一次碰到她時，發現她除了瘦了一點外，其他沒有任何不同，更重要的是我在她身上看不到悲傷、失意或徬徨，這時候我知道她已經邁向人生另一個階段了！

　　當麗英來向我索取這本書的序時，我向她表明高深的學問我不知如何表達，但我希望能推薦本書給餐旅同行、學校老師及學生的原因，除了她對人資專業的素養外，更重要的是她制定制度、佈達公司規定及處理勞資問題時，那種中立不偏不倚的角色扮演，不但讓資方放心更讓勞方信任，而這種實務經驗傳授的書市面上不常見，是值得有心從事餐旅人資管理的專業書籍。

欣葉連鎖餐廳董事長

李秀英 謹識

【蘇序】

　　旅館或餐廳要能在現代如此快速成長及競爭激烈的市場中，求生存、占一席之地進而永續經營的話，除了要不斷的更新硬體及裝潢，和因應市場變化經常創新產品之外，最重要的是要有一群專業又有共識的團隊為其組織努力打拼，提供專業服務，才有辦法，因此「人」才是餐旅事業競爭必勝的最重要的因素。故任何公司想要成功必須要了解人的重要性，並建立制度尋才、用才、育才及留才。

　　張麗英老師自美國愛荷華州修習成人教育碩士回國後，即加入亞都大飯店擔任訓練的工作，爾後晉升為訓練經理、人事訓練經理，進而轉調麗緻管理顧問公司負責協助新旅館及俱樂部的人事訓練工作；後轉進欣葉餐飲集團，負責整個集團的教育訓練工作多年，同時張老師也在景文技術學院兼課多年。在餐旅業中能有如此豐富多元的產、學兩個領域之經驗者並不多見。今天樂見張老師將其多年的人事教育工作之經驗及心得彙集成書，其內容相當完整。對業者可以當作一本很方便的工具書，對初入此行或者學校的老師及學生則是一本不可多得的好教科書。在此特別推薦，並感謝張老師費心著作分享給所需的人。

國立高雄餐旅學院　副教授
前台南大億麗緻酒店　總經理

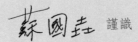 謹識

【自序】

　　我最愛金庸小說，最初的原因是因為崇拜大學教我小說創作的三毛女士，由她清脆迷人的聲音講述楊過與小龍女的癡戀情迷，令情竇初開的我有著無限的嚮往。結婚、生子、職場順利到乳癌第二期後復原的我，仍然最愛金庸的小說，只是對楊過與小龍女的愛慢慢轉移到對「天龍八部」的佛家哲學與「笑傲江湖」的人生無常！

　　有沒有覺得工作的週遭充滿了余滄海及岳不群之輩，每天都生活在爾詐我詐的動盪中，雖然不曉得自己人生中的風清揚是不是會出現，但總期望著有令狐沖的絕世武功，不管出世或入世都能掌握在自我的手中。

　　從事人力資源管理的工作已將近十多年，對於「人事」管理卻是愈來愈謙虛，因為就如上文所談的太複雜了！聽聞許多專業的人資前輩解析人資管理是門複雜的「科學」，但制度是科學的管理人員卻是門學也學不完的「人生哲學」。我不懂劉文聰、刑素蘭所帶來的風潮可以維持多久，但我明瞭只要在職場的一天，就有數不完的任我行及岳不群，武林也因為他們而紛紛擾擾，但這就是人生！

　　自己學的是成人教育，多年來從事的是人資管理，總覺得應該要將相關的所學及經驗奉獻給自己最喜歡的行業「餐旅業」，因上一本書「旅館房務理論與實務」經揚智出版社林新倫副總經理的鼓舞下正式出版，也得到許多同業及學界老師的支持，讓我更想將多年來在亞都麗緻大飯店及欣葉連鎖餐廳的工作經驗，分享給想要學習或從事餐旅人資管理的年輕學子，更期望能對旅館科系、觀光科系等老師的教學有實質的幫助。

　　本書內容共分十二章，謹就：1.餐旅業的特性、管理趨勢及未來發展；2.介紹餐旅業的特殊組織架構及各職掌；3.述說人力資源管理概論；4.探討各項員工任用的重點；5.餐旅業訓

練與發展現狀及績效；6.研究餐旅薪資的各項管理作業；7.福利政策及制度的設定；8.各項績效評估的分析；9.餐旅勞動條件的介紹；10.工作規則、獎懲與申訴；11.餐旅業的激勵與溝通；12.餐旅人的生涯與管理等重點。以循序漸進的方式來介紹餐旅業人資管理的專業與特色，期望把教學中較困擾的實務問題，以目前業界的實例及現狀帶入課程，以利讓學校的教育與餐旅職場的應用更契合，同時也寫入自己及觀光旅館人資主管會中，各家知名旅館人事主管的從業心得及相關的經驗。

本著作能順利完成，須特別感謝欣葉連鎖餐廳李秀英董事長及前麗緻管理顧問公司蘇國垚副總裁百忙中撥空賜序，多年來的人資戰友們前國賓大飯店吳小春副理、前福華大飯店黃良振經理、前凱悅大飯店趙蘭軒協理、遠東大飯店馬效光總監、西華大飯店湛智源總監、環亞大飯店楊麗婷總監、知本老爺酒店劉美櫻經理、圓山大飯店王耳碧主任等相關經驗交流。任教同事景文技術學院旅館科前任王斐青主任、現任呂學尚主任、郭春敏老師、呂國賢老師，真理大學洪飛絮老師，實踐大學通識中心鄭美華主任、張玉華老師等人的鼓勵，好友欣葉連鎖餐廳李韋進副董事長伉儷、副總經理雅玲、協理百虹、主任莉玲及前亞都麗緻大飯店好友薰進、儷萍、緹縈等的關懷，在此一併致上最誠摯的謝意。

當此書進入完成的階段，接獲許多餐旅同業關心的電話，自己的生涯規劃雖然因病必須退出餐旅業，但仍秉持餐旅人的驕傲與執著，繼續做孕育下一代餐旅人的使命，期望此書的出版能對餐旅業及學界有些許的回饋。

本書的寫作過程雖力求正確完整，但人資管理工作涉及的範圍極廣且日新月異，恐怕錯誤疏漏在所難免，尚祈各界專家、學者不吝指教。

張麗英 謹識於淡水

目　　錄

第一章

導　論

近年來我國國內產業幾近百業蕭條，唯有休閒事業一枝獨秀，其中又以旅館及餐飲事業最為蓬勃發展，不但爭取不少國際觀光旅客，更為國內旅遊締造了輝煌的成績。我國觀光事業的興起，自第一次世界大戰後已略見萌芽；國內起於民國四十五年，在政府與民間開始積極的規劃與推動下，此一新興的行業在文化交流、國際貿易、經濟發展上扮演著日趨重要的角色，對整體國民外交上的貢獻更是具有舉足輕重的地位。旅館暨餐飲業在觀光產業中占有極大分量，且愈見日新月異，消費範圍可包括國內及來華觀光旅客，更是一服務性企業最大的舞台。

本章中將針對餐旅業的特性及未來的發展作深入探討。

第一節　餐旅業的特性

餐旅業所提供的服務具有立即、無法儲存等特性，與一般的產業區分十分明顯，是以對餐旅業的人力資源管理有興趣者，首先需了解其產業之特性，才有辦法深入探討餐旅業的各項人力資源課題。

餐旅業本身具有獨特的經營特質，可區分為商品特性、一般性及經營管理的特性等，分別敘述如下。

㈠商品特性

1.立地的重要性

餐旅業的客源不同，也造就不同的立地環境。換言之，休閒旅館必須具有吸引觀光客的優美自然景觀，都會型或商務型旅館就必須有便捷的交通環境或具有新穎豪華的設備以招徠商務旅客；一般型態的餐廳停車是否方便、交通的便利性（如捷運出入口附近商圈目前已是百家必爭之處），休閒式的餐飲則以名產性產品及自然景觀來吸引客源。

2.餐食的主要性

　　⑴異國美食的吸引力：不論以何種目的旅遊的顧客，都對異國的美食有著好奇心，最方便可以嘗試的地方就是下榻的旅館，所以餐食的製作必須講究及別出心裁，才有辦法吸引客人。

　　⑵多變及獨特的餐飲設計：不斷的創新及變化，並保留自己獨特的特色，才可讓顧客源源不斷。

3.服務的特殊性

　　有人說「餐旅業賣的不只是有形的商品，更是無價的服務」，若商品具有絕對的競爭優勢，但服務無法滿足客人的話，客人是會以行動（不再光臨）來表達對餐旅業無言的抗議，所以餐旅業的經營管理者應該特別重視人性化服務的落實。

㈡一般性

1.綜合性

　　旅館的功能包含了食、衣、住、行、育、樂等，是一個社會上重要的社交、資訊、文化交流等的聚集中心。而餐廳不只是提供餐食，更是提供一個社交的場所，人們透過「吃」拉近了彼此的距離。

2.無歇性

　　旅館的服務是一年三百六十五天，一天二十四小時全天候的服務。餐廳雖然是有一定的營運時間，但工作時間較別的產業長，員工必須採取輪班、輪休制，多數餐廳多為全年無歇！因此，對於此行業的無歇性，需充分掌握其特質，才有辦法作相關人力資源管理的靈活運用。

3.合理性

　　餐旅的收費應與其提供給顧客產品相同的等級，甚至於應設法做到物超所值，使客人體驗到滿足與喜悅。

4.公用性

　　依餐旅業的特性上看，是一個提供大眾集會、宴客、休閒娛樂的公共性場所。

5. 安全性

旅館及合法的餐廳是一個設備完善、眾所週知且經政府核准合法的建築物，其對公眾負有法律上的權利與義務，而對保障消費顧客的安全與財產，是其極重要的使命。

6. 季節性

旅客外出及洽商常隨著季節而變動，所以旅館客房的經營有淡旺季之分，而餐飲業也因時令不同而有不同季節性的調整。

7. 地區性

旅館的興建常須耗費大量資金，座落地為永久性，無法隨著淡旺季或市場的趨勢而移動或改變。而餐飲業營業的地理位置、場地的大小、交通的便利、停車的容量等因素，皆會影響其客源及市場的定位，如臺灣臺北以南的餐飲地區性，其停車的方便性往往決定其客源的多寡（如婚宴場地的大小、外賣車道的設定等）。

8. 流行性

餐旅業為一領導時尚的中心，也是許多政商名流所經常消費之處，所以經營者必須能製造及領導流行的風尚，更要知曉目前市場的趨勢。

9. 健康性

旅館亦是一提供健身中心、SPA、溫泉等保健養生的場所，而目前最為餐飲業者所重視的為日漸重要的養生飲食。

10. 服務性

旅館為一重視禮節及服務品質呈現的行業，五星級觀光旅館的服務理念，也是當下許多服務業所爭相學習的對象。而當客人在某家餐廳用餐後，會想要再度光臨的重要因素，往往是其受到熱誠的接待與滿足的服務。

專欄 1-1

餐旅業的秘密武器—服務、服務再加上服務

在當今為餐旅業各家林立的時代，猶如群雄各踞山頭的江湖，如何在競爭的環境下脫穎而出，是考驗各家餐旅業經營者的大智慧。知名的企業都各自有精心研發出的文化，而此文化更可呈現出各家的服務特色，更是其角逐武林盟主的葵花寶典！

1. 國賓飯店：笑神好嘴、賓至如歸、從心求新。
2. 六福皇宮：Starwood 的關懷。
3. 亞都麗緻大飯店：四大服務管理信念
   (1)每個員工都是主人。　　　(2)設想在客人前面。
   (3)尊重每個客人的獨特性。　(4)絕不輕易說不。
4. 福華飯店：積極進取、正直誠信、團隊合作、創新求變。
5. 西華飯店：兩大服務理念：
   (1)以服務紳士、淑女為榮；期許自己也可成為紳士、淑女。
   (2)CARE：C/Courtesy（細緻的）、A/Attentive（慇勤的）
   　　　　　R/Respectful（有禮貌的）、E/Efficient（有效率的）。
6. 凱悅飯店：六大企業文化
   (1)創新開拓(We are innovative.)。
   (2)彼此關懷(We care for each other.)。
   (3)鼓勵個人(Encourage personal growth.)。
   (4)群策群力(We work through team.)。
   (5)文化繽紛(We are multi-culture.)。
   (6)以客為尊(We are customer focused.)。
7. 臺中永豐棧酒店：體貼入心，更甚於家。
8. 力霸飯店：服務至上、效率第一、管理建全、標準化、追求發展。
9. 咖啡館：以日式風格為主的連鎖咖啡館，本著「一杯咖啡 滿懷誠懇」的理念來推廣咖啡道的精神及文化。
10. 欣葉連鎖餐廳：有情、用心、真知味。
11. 星巴克：第三個好去處。

(三)服務的特性

1.無形(intangibility)

目前市場中大多數商品的特性均介於純「商品」與純「服務」之間，但餐旅服務業是一種絕對「無形」商品的特性。

2.不可分割(inseparability)

(1)製造與服務的不可分割。

(2)服務無法囤積。

(3)消費者在購買時即已付出服務的消費代價。

3.異質性(heterogeneity)

(1)服務很難達成百分之百的標準化。

(2)顧客的需求因人而異。

4.難以保存(perishability)

(1)服務無法事先作好再等顧客消費。

(2)服務無法以產量或產能來計算。

(四)經營管理

1.產品不可儲存及高廢棄性

餐旅業的經營是一種提供勞務的事業，勞務的報酬以次數或時間計算，時間一過其原本可有的收益，因沒有人使用其提供勞務而不能實現。例如旅館客房未賣出，無法將其如有形產品般庫存於倉庫，待另日再賣。所以如何提高客房的利用率，才有辦法提高產值。而餐廳一旦開店，即會形成很少顧客上門或客滿的狀況，有時很忙或很清閒，所以需要制定正確的市場行銷，釐出尖峰、離峰的管理，並進而有效地控制人力。

2.短期供給無彈性

興建旅館需要龐大的資金，由於資金籌措不易，且旅館施工期較長，短期內客房供應量無法很快依市場需要而變動，所以為短期

供給無彈性。如旅館客房為五百間，旺季時無法做過多的超賣，旅客再多也無法增加客房而增加收入。開業餐廳雖然門檻較低，但是因其座位數有限，無法在客滿的狀況下，再多收客人。

3.資本密集且固定成本高

旅館因其立地的優勢（如市中心或風景名勝），其立地取得的價格也自然較昂貴，又加上硬體設備的講究（如建築物的外觀、內部裝潢及各項華麗的傢俱及高級的設備等），故其固定資產的投資往往占總投資額的八至九成。由於固定資產比率高，其利息、折舊與維護費用的分攤相當沈重。再加上開業後尚有其他固定及變動成本的支出，因此如何提高相關設備（客房、餐廳、宴會場所等）的使用率是每一位經營管理者的重要課題。

4.需求的多變性

旅館為一複雜的事業經營體，也因外在因素的變遷而隨時需要更新的產業，更因它所接待的客源廣至世界各國，甚至也包含了本國的旅客，而其旅遊及消費的習性等皆不相同，所以如何迎合來自不同社會、經濟、文化及心理背景的客人，都在考驗著旅館經營者的智慧。餐廳雖然並不同於旅館，但其服務的對象需求全然不同，無法像製造業的產品完全標準化，所以要如何針對不同的客源，提供不同的服務，是經營者必須努力的方向。

專欄1-2

企業服務理念的制定方法

　　企業規劃服務理念時，雖有不同的因素要考慮，但綜合其重要性，應注意事項如下列：

1. 中心思考的方向：餐旅業講求的是一份由「心」而生的服務精神，如何徹底、自然而然衍生而成一股獨特的企業服務文化，並進而塑造出公司服務的理念，是規劃者在建構時思考的重要方向。

2. 規劃時需一併考慮的重點
   (1)業別：不同產業各有其精髓所在，所以應將其重要的涵義加入其中。
   (2)營業方針：在理念中可將公司營業方針融入其中，以期許管理人員能任重道遠地將其傳遞給每一位服務人員。
   (3)服務的呈現：公司欲以何種文化及精神呈現在客人面前。
   (4)管理制度：此部分較難在短短的文字中清楚地傳達，但若可以呈現的話，將為未來人員訓練奠定良好的基礎。
   (5)企業傳承：企業的經營是否為永續經營或是短期獲利即結束，將影響整體人力資源管理的設定及方向。

3. 執行時應注意事項
   (1)如何落實於平日的教育訓練。
   (2)工作過程中如何傳遞給客人。
   (3)團隊精神的凝聚及建立。
   (4)授權的機制：現場人員的授權往往影響到客訴處理的速度，服務業的授權機制是每一位現場主管心中最關切的。
   (5)顧客抱怨方面：是否明確地指出公司對客訴的關切，及對顧客的重視程度。

第二節　臺灣餐旅業的管理趨勢

　　臺灣近年來整體社會經濟發展的趨勢已由工業轉型至工商及服務業，人們生活習慣大幅改變，社會、工作價值觀也隨之調整。生活步調加速，各種服務業如雨後春筍般興起，再加上國際化的趨勢加強，國內的企業不但要相互競爭，更要與國際性的連鎖企業爭食有限的市場。餐旅業在這一波又一波的競爭趨勢影響下，不得不隨之調整整體經營策略。以下依據整體發展的導向，說明其相關因應之道。

㈠現代化的管理趨勢

1.多樣化經營

　　必須在營業及服務項目上不斷推出新產品及構思，才有辦法吸引消費者的注意力，刺激消費市場。

2.增加營業據點或外賣區

　　為內部員工的升遷、業績的提升增加獲利率，許多餐旅業不斷增加其營業（外賣）據點，如百貨公司設櫃或有獨立餐廳的經營及增設年節外賣產品等。

3.競爭更激烈

　　許多餐旅業增加其服務內容、設施、設備等，加上國際知名連鎖旅館及餐廳的投入，使餐旅服務業的競爭更趨白熱化。

4.消費意識抬頭

　　消費者的意識逐漸抬頭，已迫使業者更注重服務品質的掌控。

5.更為專業化

　　因為上述原因，使得餐旅業不得不走向更專業化的經營。

㈡人力市場趨勢（人力資源部最重要的課題）

1.人力資源多方面的開發

餐旅業最重要的資源為「人力」，如何有效地開發各方面的人力資源，已為餐旅業經營最重要的課題。

2.管理幹部職責的改變

多元化的領導風格將取代傳統的獨裁、官僚式的領導，幹部專業化的要求也比以往更嚴格。

3.人力重組精簡

「一個蘿蔔一個坑」為一種落後的管理及制度。人員編制會隨人力成本的高漲，而作重組及有效地精簡，如目前有許多國際旅館開始推行整合性（快速）的服務，不但可以達到人力重組精簡的目的，更可讓作業的動線縮短，提供客人更直接、便捷的服務。而餐廳的經營也正式進入講求低人力成本的時代；以往兼職人員只限於外場，但目前已有業者將廚房的部分人力以兼職或外包的方式管理，以期降低營運成本。

4.提升企業人力資源培訓及發展的能力

「高薪挖角」已無法順應當今的潮流，唯有靠企業內部的專業人力培訓制度，才可為企業發展贏得先機，更可為永續性的經營奠定更好的基礎。而人力資源部在此階段占著舉足輕重的地位，優秀且善於計畫的主管可為公司妥善規劃並節省許多費用，是以此部門的重要性也漸漸的提升。

㈢服務的趨勢

1.加強貴賓客人服務

重視對經常性客人的專業服務，保住餐旅業最重要的客源，許多業者漸漸發展出貴賓卡的制度，有的更結合異業（如銀行等），讓貴賓卡的功能更豐富化。

2.維持對常客的服務水準

不要視常客為當然會來的客人,重視每一位常客的特殊習性,以提供個人式的貼心服務,許多的業者借助現代化的工具(電腦化),讓現場管理人員於日常操作時,即時時注意到常客的各種需求給予最適切的服務。

3.服務多樣化

一成不變的服務容易流失經營不易的客源,在此忙碌且講求效率的時代,如何迎合顧客日漸多變的需求,是管理者重要的職責。

第三節　臺灣餐旅業未來的發展

一、餐飲業

目前臺灣的整體對外經濟並不是十分理想,加上國內製造產業外移現象嚴重,失業率節節攀升,臺灣有句俗語:「時機再差也要吃飯」,所以不管小吃、休閒或主題餐廳,再加上國外連鎖餐廳的加入,使得餐飲業未來的發展也日趨複雜且包含的層面相當廣闊。

㈠餐廳設定的趨勢

1.主題鮮明化

目前餐飲市場中出現的韓國料理風、日式自助或燒烤、健康有機餐、義大利料理、清粥小菜等均受到十分的歡迎及肯定,這證明了產品主題明確,不但可以建立自己的特色,更是消費者在選擇時很重要的考慮依據。

2.健康的新潮流

臺灣近年來因餐飲太過豐富及營養，導致許多文明病如癌症、心臟疾病、痛風等的增加，故許多人的飲食習慣已慢慢調整為清淡、有機或是素食等，更有許多餐廳及飯店將有機、素菜及花草等加入主要菜單中，為的就是要符合當今的流行風潮。

3.精緻及便利兩極化的發展

因經濟發展無預期理想且加上國內失業率的高升，方便及價格便宜、有特色的餐廳大受歡迎，為因應消費者的需求更提供了外賣及外送等的服務，此快速方便且經濟實惠的特色，極受消費者的肯定。

(二)餐廳內部管理的趨勢

1.組織扁平化

餐飲市場為因應不斷的競爭及日漸增加的營運成本，許多公司及連鎖餐廳已漸漸將內部組織扁平化，主管級的人員增加職責，中級幹部則視情況減少，以節省人力成本。另外，兼職人員成為主要人力資源，廚房的廚工、洗碗人員及助手等也慢慢轉為合約制或兼職。

2.員工及管理模式的轉變

現代七、八年級生的新式想法，除更重視薪資、福利及自我發展的機會外，穩定收入（不一定要高薪）及理想的實現，已慢慢取代了傳統對工作的態度，所以如何有效地管理員工已成為新時代的主管應學習的課程。另外，傳統餐飲的權威式管理已不符合時代的潮流，員工充分的參與、適時的授權及客訴處理的機制已成為未來管理的趨勢。

(三)餐廳營運重點的變化

1.研發的重要性

餐飲業面對外部激烈的競爭，必須跟得上顧客的需求，更必須

求新求變,而針對本身產品的研究發展及新產品的開發,成立研發部門也漸成風潮。

2.各式新科技的使用

餐飲業雖為較傳統的經營方式,但許多營運數字及市場方向的決策事宜,須靠現代化的科技協助,引進國外電腦資訊系統或使用國內自行研發的軟體成為餐飲業目前的最新趨勢,另現場POS系統的使用也是眾家最基本的電腦設備。

3.行銷的重視

以往的餐飲業者較重視內部管理及菜餚的研發,但目前資訊日新月異,要如何將最新或最好的產品推銷給消費者,而行銷的通路、多種類媒體的運用及各種促銷的推廣等,已成為餐飲業者最具挑戰性的工作。

(四)外部環境的變化

1.消費者意識抬頭

國內消費者的教育水準提升,世界資訊的發達喚醒消費者的意識,飲食不再只求溫飽更要求衛生、營養及服務良好的用餐環境等,所以顧客的要求也相對的增加,如何充分掌握客人的喜好及動態,對餐飲業者而言將是成功的第一步。

2.環保主義的趨勢

民國九十二年為臺灣環保的新紀元,對餐飲業造成少許衝擊的政策為「禁用塑膠袋」,業者必須提供紙袋或環保的用品。另外,廚餘相關處理雖尚未上路,但以國外的趨勢而言,餐飲業者必須提早因應以免措手不及;其他如禁煙、廚房排煙等規定,為避免引發消費者的抵制,餐飲業者也必須符合此環保主義的趨勢為宜。

二、旅館業

近年來由於國內許多中小企業紛紛西進或轉型服務業，國際觀光旅館的重要客源也隨著每年來華的人數減少而呈現下滑的趨勢，對部分都會型的國際觀光旅館造成極大的衝擊，而逐漸調整業務及行銷的重點於餐飲市場上；至於在客房的市場則重新定位，不再投資動則上億的豪華型旅館，取而代之的是小而精緻且收費中等的小型商務旅館或是商務公寓。

另休閒旅館因搶搭週休二日的列車，近年來有較出色的經營，但仍很難突破平日低住房率的瓶頸，業績始終無法如預期的理想，再加上這一、兩年的「日本風」流行熱潮仍未降溫，在日本極受旅客肯定及喜愛的「民宿」，也悄悄地在臺灣的旅遊市場播種、萌芽！

㈠商務公寓（會館）

1.商務公寓（會館）的定義

商務公寓(Service Apartment)簡單的說就是一種具有商務功能、旅館式服務的專業性出租住宅，它除了具備完善的居家設備（傢俱、電器設備、廚具）外，還需提供足夠的商務功能，如會議室、資訊室、OA設備、秘書服務以及旅館式服務，如Room Service、Laundry Service等，當然基本的俱樂部與休閒設施也一樣不可少。

就定位而言，商務公寓（會館）是介於一般出租住宅與旅館間的一種功能性不動產，它的租金比一般出租住宅高，但比旅館的收費要低。

2.商務公寓（會館）的主要客源

就其服務對象來看，商務公寓（會館）的客源多為外商公司高階主管長期性居住（多數攜帶家眷）、外籍專業工程師或技術顧問、短期洽商或考察的人員、非長期性定居、不需要購置自有住宅的人士等。

　　一般而言，商務公寓（會館）的客源通常為停留在臺兩週至一年的商旅人士，但也有屬於一年以上的長期客源。

3.商務公寓（會館）的未來發展

(1)許多建築業者處理閒置不動產的新產品定位：臺灣目前的房地產業處於低靡的谷底，許多業者為恐面臨求售無門或嚴重滯銷的命運，避免將房地產閒置或積壓大量的資金，所以將整棟或部分住宅大樓重新包裝成商務住宅，如多年前捷和建設北投「捷和商務住宅」、新光人壽天母「傑仕堡」，都是在銷售情況不理想的情況下所作的產品定位改變。

(2)成為未來商務居住規劃的趨勢：近年來由於臺灣經濟發展情勢，一直呈現不穩定的狀況，許多人也因經商、移民或產業轉移等因素，不再購置房地產。商務型的客人因須中、長期且固定的居留，住宿觀光旅館雖然安全便利但長期下來的成本太過高昂，而一般性的出租公寓並沒有提供必要的商務、居家整理清潔、住房等旅館式的服務，故居住於商務公寓（會館）成為一個較理想的選擇。

(3)未來旅館發展的新方向：觀光旅館業經民國四十五年開始萌芽、發展、國際連鎖競爭的過程後，目前已呈現停滯的腳步。觀光政策不明確、產業的外移、經濟發展的衰退造成逐年來華觀光及洽商的人口減少，對觀光旅館的經營已造成不小的影響。而各旅館除緊縮人事、控制成本、積極爭取客源外，正密切觀察逐步轉型的可能性，如西華飯店成立小西華爭取長期商務客人，Westin 連鎖系統的中和福朋飯店（小型商務旅館）另闢不同的客源，長榮在台北成立台北長榮桂冠酒店等，以上三家分店的特色為房間數少、餐廳規模較小或另成立主題（如長榮的健康SPA），客源的主力為商務、長期客或特定的消費族群。許多旅館近年來發展的方向顯示，臺灣五星級旅館已到達飽和狀態；另加上全球性的財經狀況不佳，商務性質強、租金

經濟合理又具備居家功能的另類旅館，已成為未來旅館業發展的新方向。

(4)住辦多用途的複合式規劃：為因應產業結構的逐年調整，許多公司行號所須的辦公面積也愈來愈小，另自由業的發展使得許多SOHO族也加入了職場的競爭，辦公室結合私人住宅已漸漸成為房地產的新寵兒，此一族群也是商務公寓（會館）的新趨勢客源。

(5)會議中心結合休閒居住產品的複合體：因目前工商業有許多員工訓練，大多規劃為二、三天的訓練營或講習會，為節省往返的時數費用及不便，並達到集中訓練的效益，許多企業選擇具備會議中心及兼具休閒設備的旅館或會議中心。如陽明山天籟會館結合了別墅、俱樂部的經營，更對外以溫泉旅館為號召，除一般的露天溫泉場外，更別出心裁的設計多棟小木屋溫泉、大理石溫泉、藥草溫泉等，不但抓住了休閒的觀光客源，更結合了會議中心、優良的餐飲品質，因此締造了不錯的佳績，也為此一會議中心結合休閒居住產品的複合體開了先鋒。

㈡民宿

1.民宿的定義

(1)依據九十年十二月十二日交路發九十字第○○○九四號令發布：「所稱民宿，指利用自用住宅空閒房間，結合當地人文、自然景觀、生態、環境資源及農林漁牧生產活動，以家庭副業方式經營，提供旅客鄉野生活之住宿處所。」

(2)民宿的主管機關，在中央為交通部，在直轄市為直轄市政府，在縣（市）為縣（市）政府。

2.民宿經營管理的重點

如何塑造主題，吸引客源——民宿的經營不同於觀光旅館或休閒旅館，除了要有安全居住的環境、清潔的客房、具中等等級以上

的餐飲，更要有自己民宿經營的主題特色，才有辦法吸引外地的客
人專程前往投宿。

(1)可結合當地的文化，成立文化導覽或規劃相關路線，如筆者曾
投宿宜蘭縣一家頗具特色的民宿，其除提供安全舒適的居住環
境，更規劃了宜蘭本土文化之旅，除帶領客人參觀很具宜蘭特
色的景觀外，更規劃了田園之旅讓不識鄉野之美的台北小孩，
認識了農田、耕作物及週遭的昆蟲水鳥等，讓人印象深刻。

(2)山地文化的融入：有許多原住民部落，仍保留了許多原住民文
化，除可規劃如原始部落的居住環境，讓投宿者有重回過去的
經驗；亦可將原住民的一些特色餐飲設計入菜單中，而原住民
以往的育樂（如打獵、歌舞等）亦可列入住宿的活動中。

(3)善用當地的資源：

❏ 有效的規劃觀光途徑：例如騎單車欣賞田野風光，再參觀當
地的農業特色或專業栽培，可讓遊客自助採摘茶、花卉、有
機蔬果等，認識當地鄉土民情再返回住宿地點。

❏ 民宿本身週遭特色的設計：例如泡湯、玩陶、享受農莊特有
的風味美食，或有任何可為此次旅遊留下紀念由遊客自行設
計或製造的物品，均可讓人對此次的旅遊難以忘懷。

❏ 經營管理者的專業傳授：例如如何種植花卉、培育昆蟲、烘
焙茶葉或咖啡、手工藝品的製作，如何分辨有機蔬果的真
偽、燒陶等專業性知識的傳授，讓遊客在旅遊之餘能夠學習
不同的知識。

(4)自成一格的風味：有民宿業者利用建築物的風格、不同於市場
的餐飲料理或是藝術的各項創作風格，而給予消費者不同的感
受，而有穩定的市場及客源。

3.民宿未來的發展及經營重點

目前民宿已漸漸由萌芽階段進入到百家爭鳴的局勢，如何在日
益競爭的環境中脫穎而出，對民宿管理者是一個很大的挑戰。

⑴穩定的財務規劃：詳實規劃自我及借款的資本、保守的投資報酬率（初期應不要估計的太樂觀）、整體的收支計畫等（建築物及人力經營成本等）。

⑵中長期的投資策略：國內的投資者常因一股熱潮而一窩蜂跟進，再因市場悲觀而急急撤出，往往造成投資成本血本無歸而前功盡棄。但民宿的經營應看好中長期的市場努力經營，而非且戰且跑的短線獲利策略。

⑶主題的經營：塑造自己的特色就是最好的行銷，其注意事項如「民宿經營管理的重點」中所說明。

⑷服務的特色

❏ 貫徹 "Home Away From Home" 的精神：日本的「民宿」經營往往讓人很驚訝，因為經營者把每一個上門的顧客都當成自己家中的貴賓，而經營者常常就是女主人。她們的細膩及貼心往往慰藉了離開家鄉異鄉人那一份不安的心，更符合了旅館經營服務的最大精神指標 "Home Away From Home" 的理念。再反觀國內的民宿經營，似乎仍停留於物質層面（如何讓客人溫飽而已，最多再加上一些當地旅遊及特產的經營），那麼客人將只會選擇最新、最便宜的，沒有所謂的忠誠度可言。如此一來，民宿的經營也只是另一波的「蛋塔」風而已！

❏ 塑造自己服務的風格：許多國內民宿的經營者，常常埋首於忙碌的日常工作中而忽略了與旅客那一份休閒心態的契合。雖然民宿的經營常常只是夫妻或親友，往往在工作與客人之間的互動關係中很難取捨，但是若與客人維持朋友間的關係將提高顧客對民宿的忠誠度，而就長期的經營而言是較正面的！

第二章

餐旅業的組織

□學習目標

　組織架構介紹

✐各部門職掌說明

　　餐旅業為求維護品質及提高員工的工作效率，常依照組織企業文化、管理功能及服務動線等因素，將各個職能劃分出不同部門，除清楚地表達旅館各單位的指揮系統外，更讓員工明瞭其定位各司其職。

　　本章將針對餐旅業組織架構加以介紹，更將深入說明各部門在整體經營團隊中所扮演的角色及應有的功能。

第一節　組織架構介紹

　　各旅館及餐廳為因應其規模的大小，在組織的分類上略有不同，但基本功能皆相符合。整合各型餐旅的現況，其主要的部門可分：

營運部門：因業務需要與客人直接接觸的所有部門。

後勤部門：不直接與客人接觸且為營運作後援的部門。

　　餐旅業在規劃組織系統圖時，經常會考慮到以下的功能：

◎必須說明組織包含哪些部門。

◎整體指揮系統明確化。

◎各部門在組織中的地位。

◎部門與部門間的相互關係。

◎部門中各單位的相互及從屬關係。

　　目前常為餐旅業界使用的組織架構系統圖，可區分為以下三種：

一、組織系統圖

　　組織系統圖具有整體餐旅業指揮系統、各部門的名稱及其下的各基層單位。由圖中可清楚看出該旅館或餐廳各部門的相互及從屬關係（見圖2-1、圖2-2）。

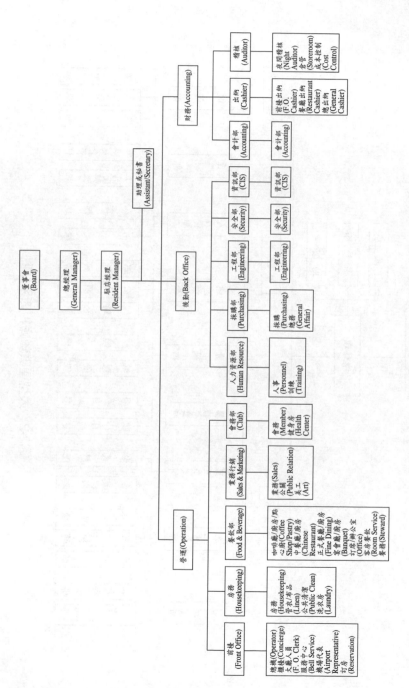

圖2-1 觀光旅館組織系統圖

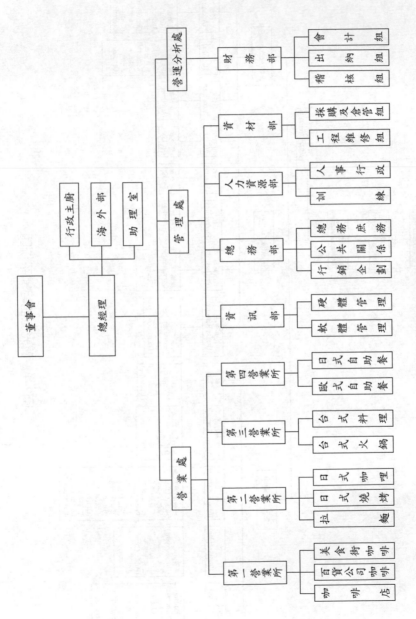

圖2-2 大型連鎖餐廳組織系統圖

專欄 2-1

你可以換工作不須換公司的行業

　　旅館的組織具有一定規模的部門及單位（請參閱圖2-1），其單位十分眾多猶如一個小型社會，觀光局於七年前所拍攝一部介紹觀光旅館行業特色的錄影帶【挑戰】，影帶中前亞都麗緻大飯店總經理蘇國垚先生（目前任職於國立高雄餐旅學院副教授），曾勉勵年輕學子從事此行業的名言即是「進入旅館業，可以有多重的選擇；也就是換工作不須要換公司」。

　　筆者於任職亞都麗緻大飯店時，雖然從事的是人事／訓練方面的管理工作，但因對飯店經營管理十分有興趣，即常利用公司所提供的交換訓練制度(Cross-Training Program)，至各部門接受相關的訓練，提早作第二生涯規劃。所到之處有房務管理部門、餐飲管理部門及前檯部門，除完成公司的交換訓練，亦常利用工作之餘的時間到各單位實習，多年下來對旅館及餐飲業慢慢累積相關的管理經驗，對於後來任職的連鎖餐廳及目前擔任的兼任教職均有極大的助益。

二、單位組織圖

　　每一個部門依其業務功能，再可細分成單位組織圖。單位組織圖包含各職級名稱、人數及各單位的相互及從屬關係（見圖2-3、圖2-4）。

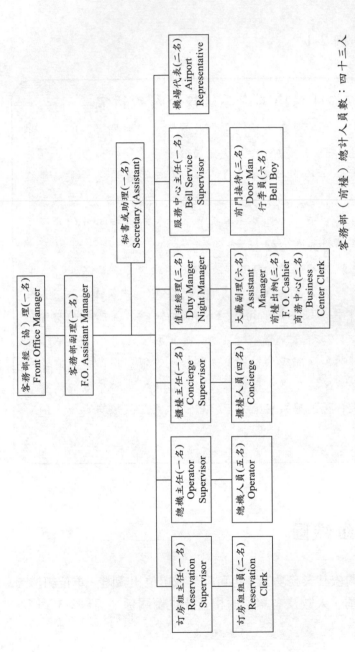

圖2-3　客務部（前檯）單位組織圖

註1☞人力配置是依據中型旅館（200間客房）所訂立。

註2☞前檯出納部分，有部分旅館是歸屬於財務部門所管理。

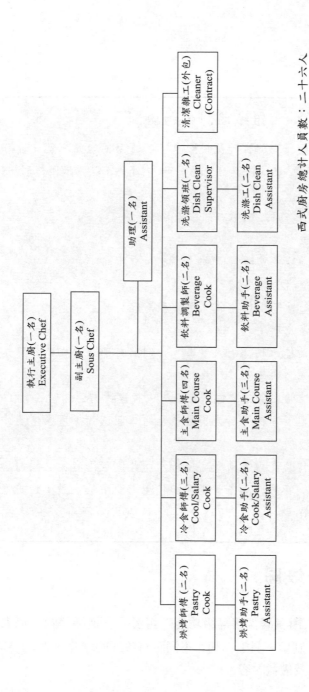

圖2-4 大型西餐廳廚房單位組織圖

西式廚房總計人員數：二十六人

註1☞人力配置是依據大型餐廳（150個座位數）所訂立。

註2☞清潔維護工作，有部分餐廳是外包。

專欄 2-2

組織圖制定的機制

　　餐旅業組織有一定的部門及相關單位，但為何如此制定是否有一定的規則可遵循？制定時又該注意哪一些細節？以下舉例說明。

1. 組織圖的功能

(1)顯示每個部門在組織中所占的位置及功能。

(2)表示誰需向誰負責。

(3)顯示部門中涵蓋了哪些單位。

(4)顯示領導及授權的指揮線。

(5)告知每位員工他們工作的單位及職稱等。

2. 制定組織圖應注意事項

(1)因應管理的功能，切忌因人制事，否則將有部分部門不足而又有閒置單位等弊病產生。

(2)功能性未明確時，部分單位歸屬不清，將導致內部績效不彰。

(3)餐旅業營運與管理部分為公司最重要的二個環節，應多考慮此二者的均衡發展。

(4)人力分配宜作生產力等的數字分析，而非以管理者的立場來思考。因為這樣容易產生主管過度膨脹需求而多編人數，造成人力成本的浪費。

三、職位等級圖

　　組織中依個人所負責業務等級功能，可區分各種職等圖。每家旅館及餐廳因體系、制度、員工福利等不同而有各式的職等，表2-1、2-2中包括職級、職稱及權益內容。

表2-1 觀光旅館職位等級表（一）

職級	職稱	特殊權益
E級主管 (Executive Grade)	總經理、副總經理、駐店經理、行政主廚、財務長等（或海外聘用的高階主管）	1.享有二～三餐的飯店內用餐。(House Use) 2.因業務需要時可留宿於飯店內。 3.享有每月定額的招待。(業務需要—Entertainment) 4.享有每月定額的私人招待。(Personal Entertainment) 5.享有定額的購買折扣。(Staff Discount)
A級主管	協理級、總監、部門經理級以上（前檯、房務、餐飲、主廚、業務行銷、會務、人力資源、採購、工程、安全、資訊、財務部）	1.享有一～二餐的飯店內用餐。(House Use) 2.享有每月定額的招待。(業務需要—Entertainment) 3.享有每月定額的私人招待。(Personal Entertainment) 4.享有定額的購買折扣。(Staff Discount)
B級主管	副理級以上主管，值班經理／各部門副理（前檯副理、房務副理）、洗衣房經理、各餐廳經理、廚房副主廚、業務副理、公關副理、會務副理、人事副理、訓練副理、採購副理、副總工程師、安全副理、財務部副理等	1.享有一餐的飯店內用餐。(House Use — 需事先申請，且因員工餐廳無法提供時才可使用) 2.享有每月定額的招待。(業務需要—Entertainment) 3.享有每月定額的私人招待。(Personal Entertainment) 4.享有定額的購買折扣。(Staff Discount)
C級主管	各部門主任級以上主管，大廳副理／總機主任、管衣室主任、房務主任、公清主任、各餐廳副理／主任、廚房領班、餐務主任、美工主任、健身房主任、人事主任、總務主任、資訊主任、會計主任、出納主任、倉管主任、成控主任等	1.享有每月定額的招待。(業務需要—Entertainment) 2.享有每月定額的私人招待。(Personal Entertainment) 3.享有定額的購買折扣。(Staff Discount)
一般員工	一般員工、工讀生、實習生	無

表2-2　觀光旅館職位等級表（二）

職級	職稱	特殊權益
執行級主管	總經理、副總經理、行政總主廚等（或海外聘用的高階主管）	1.享有二～三餐的餐廳內用餐。 2.享有每月定額的招待。（業務需要） 3.享有定額的購買折扣。(Staff Discount)
經理級主管	協理級、經理級以上（餐廳、主廚、業務行銷、人力資源、採購、工程、資訊、財務部）	1.享有一～二餐的飯店內用餐。（僅限營運主管） 2.享有每月定額的招待。（業務需要及營運主管） 3.享有定額的購買折扣。(Staff Discount)
一般員工及基層主管	一般員工、工讀生、實習生等	無

註☞表2-1及表2-2說明各級人員的權益內容，依各家人事制度不同而有差異。

第二節　各部門職掌說明

　　餐旅業的經營不但需要管理上的專業，一個緊密團結的專業團隊，才有辦法將服務提升到最高的境界。而要如何擁有一支超強的隊伍，除了靠最高經營者的智慧外，更要有一套紮實的制度來管理，因此各部門的職掌是否確實執行將會有決定性的關鍵。

　　此節中將餐旅業中最重要幾個部門的職掌列出，除可得知各部門負責的內容外，更可清楚地看出部門的特色及相互間的關係。

一、總經理室（執行辦公室）

1. 依據政府法令規定，董事會的議決，負責訂定旅館暨餐廳長程及中程的經營政策，擬定施行計畫及方法，提報董事會同意後，確實施行。
2. 建立旅館及餐廳管理制度並督導全體主管訂定作業程序，使全體員工遵照制度確實施行。
3. 督導各部門擬訂整體之年度工作計畫及收支預算，提報董事會同意後據以確實施行。
4. 公司整體的發展、擴充、開發新企業等計畫之擬訂，經提報董事會同意後施行。
5. 逐月督導各營業部門，檢討是否達到原定計畫之營業目標或各部門之預算工作目標，依據情形作正確之指示。
6. 督導人資部門建立全盤工作職掌權責劃分，用人政策精簡編制，充分運用人才及人力考核職工能力品德。
7. 決定及主持全盤性經營管理或特定事項的會議，及會中討論事項的裁決。
8. 灌輸全體主管皆有經營管理、市場行銷、成本計算之正確觀念，培養幹部有創造力、計畫力、執行力，能事後考核、檢討及改進。
9. 綜理並督導各部門編撰年終工作成績檢討報告書，並於次年提報董事會。
10. 檢視旅館暨餐廳整體財務狀況及財務部門現金帳與倉庫帳料是否相符？作業是否符合規定？
11. 旅館暨餐廳內部各種災害預防、安全維護之措施及急救；督導安全及工程部門會同訂定預防計畫及應變處理措施，並訓練演習計畫予以定期施行。

專欄2-3

旅館業的傳奇人物—嚴長壽總裁

　　一位23歲開始從傳達小弟作起，到了28歲就升為美國運通的總經理，32歲時他跨行成為亞都大飯店的總裁。沒有傲人的背景，且只有高中畢業的他到底有何過人之處？

　　若要講起臺灣旅館業最具傳奇性的人物，許多人會首推現任亞都麗緻大飯店總裁—嚴長壽先生。嚴總裁對飯店的經營有其一套獨特的見解，對屬下的管理哲學更是經常為他人所學習的對象。他在飯店的經營上曾提出一些精闢的見解：

1. A Hotel is made by men and stone.：一個旅館不能只有富麗堂皇的屋宇，而該營造出一個獨特的「人」的味道。

2. 打破人與人的界限：在亞都飯店沒有櫃檯，為的是要給客人一種回家的感覺。把櫃檯打掉，也等於把服務的界限打開了。

3. 從記得客人的姓名，到體察客人的需要：每一個客人的獨特性都應受到尊重，因此，我們要求每一個服務人員，都要知道客人是誰，也必須了解他的需要。

4. 所有主管一律由基層做起：學歷絕不是工作表現的必要條件，重要的是主管若未經過基層工作的磨練是無法體驗基層人員的心聲。

5. 廚房老大VS.服務生：要求廚房老大（主廚）走出他們的勢力範圍（廚房），迎向客人（外場）。如此一來不但可以了解自己菜餚是否為客人所接受及傾聽客人的需要，也可以體會外場服務員的心聲，不再為難他們。

　　也因為他與眾不同的管理及經營理念，亞都有服務的口碑及相當亮麗的業績，更在旅館業創下了：以不好的地點及不良的環境，成為在國際間享有盛名，曾經連續十幾年保持市場上最高住房率及最高房價的國際商務旅館。

資料來源：《總裁獅子心》，嚴長壽著，1997。

二、餐飲部（營業部）

1. 提供旅館暨公司內餐廳及俱樂部（或會務部）等各營業單位各項餐飲服務。
2. 旅館暨餐廳內各項喜宴、會議或招待會等的事先準備，會中餐飲及會後整理的各項事宜。
3. 旅館內客房餐飲的各項服務工作。
4. 負責餐廳、廚房及各項設備的保養及維護。
5. 不定期舉辦各式餐飲美食的推廣，以增加業績及旅館（餐廳）的知名度。
6. 配合行銷業務，實施相關的市場調查、顧客意見調查及各餐廳銷售業績分析等。
7. 與餐飲訂席密切聯絡配合，以積極達成業務目標及各廳營業實際狀況。
8. 設定標準人力架構及妥善安排人員，協調內外場及各單位，以利現場作業的流暢。
9. 建立各餐廳外場及廚務人員的標準作業，並定期舉辦人員的訓練及觀摩。
10. 其他餐飲管理相關事宜。

三、客務部（前檯／餐飲業未設置此部門）

1. 迅速處理及答覆顧客訂房業務有關事項的來函、電話及傳真。
2. 負責房客所有遷入、遷出、房間分配、各項通訊（郵件、傳真、電話、電報、留言、訪客等）、房客各項會計帳務等業務。
3. 有效管理確保前檯大廳的秩序及清潔，並保持最高效率的服務及禮貌。
4. 接待重要貴賓有關工作，依旅館標準作業程序，提供適切的安排與

服務。

5.處理客人抱怨及疑難，並將處理結果向上級主管反映，以作為後續
追蹤的依據。

6.處理各種住客的緊急及意外事件。

7.其他客務（前檯）管理相關事宜。

四、房務部（餐飲業未設置此部門）

1.提供客房、樓層走道、房務庫房等地區的清潔整理服務。

2.負責保養及維護客房內的設備。

3.依旅館規定提供客房內部相關的備品。

4.客房內冰箱飲料、食品的檢查，開具帳單、領貨、補貨等工作。

5.依據國內客源情形、本旅館設備服務及國內競爭市場情形，擬訂客
房內部各相關收費價格。

6.所有布品類的管理及控制，如桌布、口布、員工制服及各部門布品
的清潔、整燙、整理及控制。

7.提供客房內相關的服務（貴賓接待服務、客房飲料服務與管理、客
房遺留物服務、擦鞋服務、房客借用物品服務、房客換房服務、
房客代請臨時媬母服務、請勿打擾服務……等）。

8.與房務部辦公室及前檯密切聯絡配合，以了解住客及客房實際狀
況。

9.所有旅館公共區域的清潔、保養、維護等相關工作。

10.其他房務管理相關事宜。

五、人力資源部

1.依據政府法令規定，經營管理上的需要，擬訂定旅館及餐廳組織制
度、員額編制、職責職掌、人力運用等人事政策。

2.管理制度執行及修正，並確定全體員工遵行。

3.員工晉用面談、甄選測驗、缺員補充及配合員工個人發展潛力，擬訂調訓、儲訓、輪調、升遷等人事計畫工作。

4.進行同業薪資調查，並依此調整員工薪資基準點。另擬定旅館調薪、加薪辦法及加班費、各項獎金辦法等。

5.管理員工出勤、考勤、考績、獎懲、各種休假事宜。

6.負責員工更衣室、辦公室、更衣櫃、伙食管理。

7.辦理員工任職、到職、在職、離職，應辦之手續程序及證明事項，及人事通報發布，建立正確人事資料檔案。

8.執行員工保險事宜及醫藥衛生等有關工作。

9.員工輿情之了解、抱怨處理及勞資雙方之諮詢。

10.依旅館之需求，編定年度訓練預算，並依實際狀況安排固定及機動性訓練。

11.依所規劃之訓練課程安排相關（講師、地點、對象等）事宜。

12.制定相關訓練辦法，記錄員工訓練資料，以為員工晉升、調職、生涯規劃等的依據。

13.負責報聘公司僱用外籍人員及本國員工簽證等有關工作。

14.其他人力資源管理相關事宜。

六、採購部

1.辦理旅館及餐廳各部門因經營服務、管理、工作等方面，所需要物品、設備等一切之採購、訂貨、交貨及品質、價格控制等事項。

2.進行市場價格波動之調查事項，研究瞭解貨物產地、產季，及其品質、價格，保持最新完整資料。

3.後續貨源供應情況的調查事項。

4.供應商選擇工作，依信實程度建立供應商名冊資料，及其信實程度的徵信調查事項。

5. 提供新產品（樣品）、開發新貨源、發掘新供應商等事項。

6. 辦理營業場所鮮花、盆景、樹木訂購或更換事項。

7. 對外承租房屋、器材、設備等事項。

8. 修繕、保養、消毒工作之比價、發包、訂約及會同驗收等事項。

9. 掌理一切退貨及向供應商索賠事項。

10. 其他採購管理相關事宜。

七、工程部

1. 負責營業場所內部各項設施，如客房、餐廳、廚房、俱樂部等各項水電及機器設備的維修與保養。

2. 建立各項設備定期檢查表，並實際檢視以確保其皆保持正常運作。

3. 督導及參與申請外包工程之招標、監標、比價、設計、監督施工、收工驗收等。

4. 負責防颱防災設備、消防設備等器材檢查，並派所屬參與旅館定期的防災訓練及演習。

5. 督促各級工程人員參加專業技術訓練及取得相關政府單位規定所需的水、電、鍋爐、勞安等技術人員證照。

6. 控制營業內部水、電、油、瓦斯等使用狀況。

7. 依政府相關法規執行廢、污水相關處理事宜。

8. 其他工程管理相關事宜。

八、業務行銷部

1. 依據客房、餐飲及其他附屬等營業設施，調查研究結果、客源變動狀況、及國內外市場情形，訂定年度中程或遠程的業務推廣及市場行銷計畫。

2. 依據國內外各地客源情形，擬訂預估報告。再依據設備、服務及國

內競爭市場情形，擬訂客房或餐飲價格。

3. 依據業務推廣，市場行銷計畫，擬定訪問接洽之客戶對象（公司、團體或個人）、路線日程之順序及連絡方式與內容，付諸實施建立客戶網。

4. 利用淡季或特殊季節，適時會同各相關部門派員至國內外舉行各式推廣活動。

5. 依據聯絡接洽結果，與已洽妥之公司行號、貿易中心、大使館、銀行、政府機關，簽定訂用客房、宴會用餐或會場之合約或會員合約。

6. 建立客戶資料名冊或資料卡檔案，並不斷增加新內容，保持正確完整的客戶資料。

7. 隨時與所有客戶保持密切聯繫，依客戶性質狀況排定日程，定期或不定期以信函、電報、電話、拜訪或以其他方式聯繫。

8. 不斷做市場調查、研究及分析，並開拓新市場
   (1)既有市場：顧客狀況之變動、季節性之變動、特殊因素或其他原因之變動所受影響。
   (2)同業現況：目前所供應之餐宿型態、營業活動情形，是否有變動的跡象？影響如何？
   (3)新的同業：營業設施型態、顧客類別路線（市場方向）之預測分析，可能之價格影響如何？

9. 處理及答覆顧客現時現場之抱怨，或事後來函之抱怨，並將有關意見反映給上級主管。

10. 編列預算，會同公關計畫印製摺頁手冊或有關宣傳品，以備與客戶聯絡訪問時使用。

11. 其他業務行銷相關事宜。

九、資訊部

1. 負責公司所有硬體和軟體的維護、問題的排除，使電腦系統得以正常運作。
2. 維持電腦中心的正常溫度、濕度及整潔。
3. 電腦中心的門禁管理，並防止電腦軟硬體遭到破壞。
4. 電腦的開機、關機，資料的複製及備檔等相關事宜。
5. 使用電腦處理資料，提供管理所需各項相關報表。
6. 各部門電腦使用人員的訓練。
7. 電腦系統的維護與設計開發。
8. 軟體及硬體供應商的督導、溝通、協調。
9. 負責編列資訊部年度預算及擬訂年度工作計畫。
10. 配合客房、餐廳所需，提供軟、硬體的評估報告，以利採購部門後續作業。
11. 其他資訊管理相關事宜。

十、財務部

1. 建立公司所有會計制度、內部稽核制度，以確定所有會計帳表適時而準確記錄。並隨時注意政府相關法令，以確保正當經營及避免觸犯法令規章。
2. 根據帳卡完成每月月報表，所有支出、各項收入的審核。
3. 負責應收帳款政策的擬定及督導催收。
4. 定期盤點存貨及固定資產。
5. 辦理員工薪資計算與發放審核。
6. 製作各種財務檢討分析報表，並辦理國外廣告費等申請結匯、財產帳的登記與處理。

7.所有稅捐的計算、申報與繳稅，營利事業所得稅之結算申報事宜。

8.負責整體年度預算編審、擬訂及每月檢討分析。

9.督導櫃檯及各餐廳出納填寫或印製報表，並予以審核。

10.管理櫃檯及各餐廳出納將值班所收現金依公司規定存放妥善。

11.清點及管理每日營收現金。

12.建立付款相關流程，並督促廠商依規定請款及執行各廠商付款事宜。

13.研擬內部成本控制制度並確實執行。

14.其他財務管理相關事宜。

十一、安全部（目前許多旅館外包，而餐廳則未設置此部門）

1.遵守政府治安規定，依旅館的需要，負責計畫、執行及督導有關旅客、員工及財產的安全業務。

2.平時經常密切聯繫官方情報及治安單位，建立良好的公共關係，對旅館安全事件能及時有效地支援及處理。

3.督導安全部門所屬人員執行下列各項工作

⑴新進員工之安全查核。

⑵建立員工安全資料卡。

4.預防與處理火警、竊盜、毆鬥、搶劫、兇殺、破壞、突然死亡、非法活動及防颱、防火災和其他災害等事件的處理（訂定處理要領、督導執行表），以維護旅館內旅客及員工之安全，並力求減免旅館人員與財務之損失。

5.防止色情媒介。

6.旅館公共區域秩序及安全維護。

7. 員工上下班打卡監督、服務證卡、攜帶物品及放行條查核與職工出入門規定，員工會客處理及外包工人、供應廠商出入管制並建立會客登記簿。

8. 電視監視及防盜系統的操作及運用，並建立值班記錄簿。

9. 管制緊急備用鑰匙。

10. 各項安全設施及相關器材的使用與維護。

11. 負責旅館交通指揮管制與停車場的管理。

12. 督導旅館防颱事宜。

13. 其他安全管理相關事宜。

第三章

人力資源管理概論

□學習目標

✎ 人力資源管理的意義、目的及角色

✎ 人力資源在組織中的定位

✎ 人力資源部門各級人員職責介紹

✎ 問題與討論

第一節 人力資源管理的意義、目的及角色

　　在觀光旅館暨餐飲業的組織結構內，任何部門不管其處理的性質如何，都不可能像人力資源管理，必須與各部門發生直接而頻繁的接觸。也因此，欲了解餐旅業的人力資源管理，就必須了解「人力資源」在整體管理上的意義、目的及其在組織中所扮演的角色。

　　旅館暨餐飲皆為服務業，也是人力密集的產業，生產設備及設施只是基本的配備，著名的公司行業在此行業中占有一席之地都是擁有優秀的人員，所以人才不再只是「資源」而已，更是公司最重要的「夥伴」。

　　本章首先說明人力資源管理的意義、目的及角色，其次再探討餐旅業人力資源部門各級人員工作說明及職責。

　　從經濟學的觀點來看，康尼維爾(Carnevale, 1983)對人力資源有獨特的看法，其認為：

1. 人力資源主宰著經濟資源。
2. 受過教育的、健康的、有訓練的、有精神的人，是經濟成長的根源。
3. 人力資源是永不衰竭的。
4. 根據過去的歷史，人力資源已逐漸取代其他資源。此可由人力資源對GNP的貢獻，已逐漸高於其他資源而得知。
5. 生產力的泉源是人，而非機械。
6. 未來可能短缺的是人力資源，而非自然資源。
7. 對經濟的成長與生產力，「人的因素」之優勢性，將會持續和不斷的擴張。

　　由康尼維爾的論點裡，可以了解到人力資源的一些特性與重要性，尤其在唯物論者倡導人口過多與物質有限，對經濟成長的影響更凸顯人文論者(humanists)與唯物論者(materialists)間的差異。簡言之，人文論者認為主導經濟成長的是人，而非物質資源。

　　人力資源管理的目的，就是協助企業組織對其合適的人員進行所謂的規劃(plan)、人才遴選(acquisition)、人力資源的發展(development)、人力資源的維持(retention)、利用(utilization)等功能性的作為，其最主要的目的則為提高生產力、改進服務品質、符合政府各項法規的要求及達成企業生存及發展的最終目的。

 專欄3-1

員工為何選擇你的旅館及餐廳呢？

　　目前人力市場雖有僧多粥少的現象，但許多旅館暨餐廳的基層服務人員仍十分欠缺，餐旅業者花費了許多的心力，但常常員工任用不久後，公司因無法提供給員工滿意的管理或福利，員工就像斷了線的風箏，一去不回！

　　根據統計，有許多因素影響員工的去留，而這些都是人力資源管理者必須去面對的挑戰；由下面的統計數據可看出，公司人力資源的策略往往具有決定性的關鍵。

　　你為何要選擇這家公司呢？

1.公司的管理及未來的發展　　　　45%
2.薪資及福利　　　　　　　　　　40%
3.主管的管理模式　　　　　　　　10%
4.地點　　　　　　　　　　　　　　5%

第二節　人力資源在組織中的定位

由上一節得知人力資源的重要性，而其在整體組織中所扮演的角色，既是不可取代的，如欲達成既定的目的，需要明確的定位。綜合各家之說法，人力資源的定位有：

(一)特色(Schuler, 1987)

1. 公司依人力資源參與經營策略決策的層次來界定其角色。
2. 公司在提出新經營計畫前，必須先了解人力資源的現況。
3. 人力資源人員初擬的計畫要與其他部門的主管溝通。
4. 公司各部門主管要分擔人力資源的責任。
5. 人力資源政策的制定與執行，公司內各層級的相關人員均需承擔。

(二)定位(Schuler, 1987; Hall & Goodale, 1986)

1. 協助制定各種政策

在高層管理主管制定各種政策時，人力資源管理主管必須提供員工問題、外在競爭條件及各種政府法令等資料，更可在政策形成時與各相關單位協調與溝通，以利政策的制定。

2. 提供服務與代表者

人力資源管理的最主要職責是提供各部門主管對於員工的遴選、訓練、留任、發展等相關服務。另外，更是公司對外如勞委會等勞工事務上的代表。

3. 稽核或控制

人力資源管理人員有責任了解各相關部門及人員，在人力資源政策的各項執行工作的情況，以確保公司政策執行時的公平性和一

致性。

4.創新

近年來由於組織管理條件日新月異，以致外在競爭條件不斷改變，人力資源管理人員必須隨時更新自有的管理能力，以因應各種不同的挑戰。

 專欄3-2

人力資源管理的最新趨勢

商場的競爭日新月異，企業經營型態亦隨之丕變，在瞬息萬變的環境中人力資源管理知識亦隨之改變，如何創造人力管理者的新定位及新知能，是人力資源主管目前最重要的課題。

1.如何制定創造企業競爭優勢的人力資源策略。

2.如何結合企業發展與員工個人生涯規劃。

3.全球化的風潮下，國際企業如何做好人力資源管理。

4.企業競爭日益激烈的時代，組織如何因應變化，訓練傳承組織內的知識。

5.如何成為一個稱職的人力資源主管。

而企業如何將發展方向與員工生涯規劃結合，如何以網路資源從事人力資源管理、有效的績效評估管理辦法，人員招募安置與訓練開發等議題均是人力資源管理的最新趨勢。

資料來源：人力資源的12堂課—最新版，李誠2001年《天下文化》。

第三節　人力資源部門各級人員職責介紹

　　人力資源部門因為工作十分繁瑣，所以工作的分工也相當精細，其各相關的從業人員所須的任職條件及工作內容也不相同。茲將人力資源部門單位組織圖（如圖3-1），及所有人員的任職條件分列於下：

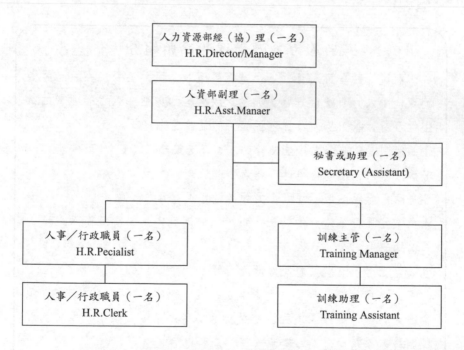

人力資源部總計人員數：七人

圖3-1　人力資源部單位組織圖

註☞人力配置是依據中型企業（300個員工）所訂立。

一、人資主管（協理／經理）
(Human Resource Director/Manager)

㈠任職條件

1. 工作時間／休假：8小時／天，依勞基法規範。
2. 對誰負責：總經理或副總經理。
3. 相關經驗：五年以上餐旅人資部主管管理經驗。
4. 年齡限制：30～50歲。
5. 工作能力與專長：英或日語說寫流利、具人力資源管理能力，負責協調各部門組織中人力資源所有管理事務。另具企管知識及教學能力。
6. 工作職責：依據勞基法擬定人事訓練計畫，負責員工晉升、人員招募、處理員工的申訴、公司政策發布與各部門主管的協調工作。
7. 儀表要求：主動積極，整潔有禮，親切熱忱，口齒清晰。
8. 教育程度：大學以上人力資源、教育訓練或餐旅管理等相關科系畢業。
9. 工作性質：督導公司各種人力資源管理等事宜。
10. 體位要求：需要充沛的體力，體健耐勞、無傳染病。

㈡職掌說明

1. 依據營業分析、組織需求等因素，制定人員編制並進而控制人力運用。
2. 安排招募事宜，並保持在職且具潛力員工的記錄，以便日後晉升之參考。
3. 負責員工招募、篩選與調升。

4. 依據餐旅服務業現況與員工福利條例為參考，擬定一具競爭性的薪資架構。

5. 面試應徵者，挑選符合公司的要求者並安排有關部門主管作最後的面試。

6. 規劃員工娛樂活動及相關福利。

7. 處理員工的不滿與抱怨，並依其重要性做適當的處置。

8. 與各部門主管溝通員工潛在的問題，並建立各部門間人員調派工作的相關制度。

9. 負責籌劃辦理各式研討會。

10. 招募、訓練員工與教育訓練相互配合。

11. 規劃、督導、協調人力資源部的例行工作。

12. 代表公司與本地主管官署、勞工或人事組織，以及與餐旅有關學校保持良好的關係，包括觀光局、市政府建設局、社會局、衛生單位及大專院校餐旅科系等。

13. 其他臨時或特殊交辦事項。

二、人事行政專員(Human Resource Specialist)

㈠任職條件

1. 工作時間／休假：8小時／天，依勞基法規範。

2. 對誰負責：人事主管。

3. 相關經驗：三年以上餐旅人事行政經驗。

4. 年齡限制：25～35歲。

5. 工作能力與專長：擅長處理員工的事務，略知電腦並有檔案管理知識。

6. 工作職責：辦理員工應徵、報到、離職及員工活動等事宜。

7. 儀表要求：主動積極、整潔有禮、親切熱忱、口齒清晰。

專欄 3-3

人資主管的養成需要時間、精力及恆心

餐旅業的需求瞬息萬變，其對人力資源的要求，也隨之變化。而人力資源主管的培養相對地日漸重要，但因工作壓力十分沉重，所以目前在觀光旅館業界資深的人資管理專才，皆是在此專業中已磨鍊了十幾年功力的主管。

已退休的前台北國賓飯店人事副理吳小春小姐、目前擔任遠東飯店人資部總監馬效光小姐、西華飯店人力總監湛智原等即是觀光旅館專業人力的傑出主管；另國立高雄餐旅學院副教授蘇國垚、轉戰大陸旅館管理精英的前來來大飯店人力資源協理傅敬一等，皆曾是傑出的人力資源主管。十多年前作者剛加入此行業時，最感動的是此行業的「人力資源主管聯誼會」各成員，大夥兒不但每月聚會一次也利用此次難得的機會，交換工作心得及彼此所遇到的困難及問題，無形中變成好朋友。多年後轉戰餐飲業，自己變得十分孤獨，不只是無人可以相互激勵及經驗交換，許多餐廳也以公司內部資料無法透漏，及無須聯誼為由拒絕了自己善意的邀約，從此我對餐飲業的人資問題也只能自己鑽研、自行解決，感受到此路的遙遠及孤寂。

也因為自己的經歷，對將從事餐旅人資管理工作的年輕學子有以下建議：

1. 需要有非常抗壓的個性、嚴整的思考能力、高標準的自我要求及完美的人際關係，對於準備接受壓力挑戰的年輕學子，應加強自我調整能力及對人的敏感程度，再加上一份對工作的自我肯定、無止盡的求知慾及向上發展的企圖心，那麼從事這份工作就對了！

2. 人力資源管理是可以終身學習的專業工作，所以從業人員應抱持著一種堅持及毅力，否則很容易自己放棄及被職場所淘汰。

3. 人力資源管理不僅是一條通往上層管理的捷徑，更是奠定自己管理的最基本能力，應要多方面累積並不斷地提升自我。

8.教育程度：大專以上相關科系畢業。

9.工作性質：辦公室事務工作。

10.體位要求：需要充沛的體力，體健耐勞、無傳染病。

㈡職掌說明

1.辦理應徵員工初試（第一次面談）。

2.辦理新進人員報到手續及所有相關人事資料表卡的彙整。

3.核對應徵者所填的表格，並經人資部主管面談後，帶領應徵者至有關部門面試。

4.辦理員工離職的所有相關手續及資料的彙整。

5.員工用餐及餐券例行管理。

6.管理員工更衣室及更衣箱櫃鎖匙，包括分發、收回及修繕工作。

7.員工出勤電腦（或紙卡）刷卡，著制服員工名牌的製作。

8.填發新進員工試用期滿通知單給各部門主管。

9.協助主管所有員工活動策劃與辦理。

10.辦理醫療衛生活動（年度體檢、新進員工體檢、醫護室等）。

11.員工生日（慶生會）、員工子女獎學金的辦理。

12.優良員工、福利委員會榮譽榜等製作。

13.所有外籍人員工作證及相關證明的申辦。

14.其他臨時或特殊交辦事宜。

三、人事行政職員(Human Resource Clerk)

㈠任職條件

1.工作時間／休假：8小時／天，依勞基法規範。

2.對誰負責：人事主管。

3.相關經驗：一年以上餐旅人事行政經驗。

4.年齡限制：25～30歲。

5.工作能力與專長：熟悉部門文書作業，人際關係之運用，一般辦公室例行工作。

6.工作職責：隨時更新人事資料檔，協助經理擬定人事訓練計畫，新進員工的環境認識與介紹，辦理員工福利與各類活動。

7.儀表要求：具耐心、親切、服務熱忱。

8.教育程度：大專以上相關科系畢業。

9.工作性質：協調聯繫，人際接觸工作。

10.體位要求：需要充沛的體力，體健耐勞、無傳染病。

㈡職掌說明

1.保存並隨時更新人事資料檔。

2.安排應徵人員面試與新進員工報到手續。。

3.負責公司勞、健保及團體保險例行工作，並向勞、健保局及保險公司，提出相關資料為員工申請給付。

4.將公司政策及有關各類訊息公告於公布欄內。

5.刊登人事廣告。

6.檢視並確保員工餐廳正常運作。

7.協助主管安排定期或不定期之各類娛樂與社團活動。

8.分派員工更衣室鎖櫃、信件。

9.員工疾病、意外災害、出勤年假記錄等的管理事項。

10.其他臨時或特殊交辦事宜。

四、訓練主管(Training Manager)

(一)任職條件

1. 工作時間／休假：8小時／天，依勞基法規範。
2. 對誰負責：人資主管。
3. 相關經驗：五年以上餐旅訓練部主管管理經驗。
4. 年齡限制：30～50歲。
5. 工作能力與專長：英或日語說寫流利、有訓練規劃及活動舉辦能力，具企管知識及教學能力。
6. 工作職責：依據組織需要擬定整體訓練計畫，負責員工訓練與各部門主管的協調工作。
7. 儀表要求：主動積極，整潔有禮，親切熱忱，口齒清晰。
8. 教育程度：大學以上人力資源、教育訓練或餐旅管理等相關科系畢業。
9. 工作性質：督導公司各種訓練管理等事宜。
10. 體位要求：需要充沛的體力，體健耐勞、無傳染病。

(二)職掌說明

1. 依據公司政策需要與總經理指示，擬定定期或不定期的員工訓練計畫，內容應包括聽課對象、人數、課程範圍、內容項目、時數、場地安排、講師安排、測驗，檢討、報告成果等分析研究。
2. 訂定課堂管理辦法，並確實執行。
3. 依據訓練計畫擬定課程進度表，協調講師、擬定時數、日期、時間、課程進度表，照表實施督導課堂間聯繫、檢討、測驗及成果報告。
4. 經常與各部門主管或有關人員聯繫，並了解該部門在作業上需要，

以作為下次訓練計畫課程內容或正在實施中課程修改的參考。

5. 編撰或蒐集教案教材、講義資料，負責整理存檔。

6. 訂立教具、教材、圖表資料、錄音帶、錄影帶的管理辦法並負責管理。

7. 依需要擬定員工講習座談會、主管演講。其中應包括對象、人數、時間、題目、演講人安排成果報告、分析研究。

8. 依需要負責蒐集或申請購買有關餐旅業經營管理的書籍，及有關餐旅觀光雜誌書報等資料。

9. 編擬語言能力測驗辦法，負責實施並將測驗結果作為人事升遷參考。

10. 擬定主持新進員工環境認識與訓練計畫。

11. 負責管理、協調、督導各部門訓練員工作，並定期舉辦訓練會議、訓練員考核等活動。

12. 負責評估、辦理建教合作、實習生訓練及社團訓練等活動。

13. 安排學校與機關參觀及辦理校園徵才事宜。

14. 海外實習生及培訓幹部的招募及管理。

15. 籌劃辦理各式研討會。

16. 其他臨時或特殊交辦事項。

五、訓練助理(Training Assistant)

㈠任職條件

1. 工作時間／休假：8小時／天，依勞基法規範。

2. 對誰負責：訓練主管。

3. 相關經驗：一年以上餐旅訓練經驗。

4. 年齡限制：25～30歲。

5. 工作能力與專長：英文流利，略有管理及教學經驗。

6. 工作職責：協助主管處理訓練工作，管理訓練場所、閱覽場所及圖書資料。

7. 儀表要求：具耐心、親切、服務熱忱。

8. 教育程度：大專以上相關科系畢業。

9. 工作性質：協調聯繫、人際接觸工作。

10. 體位要求：需要充沛的體力，體健耐勞、無傳染病。

(二)職掌說明

1. 協助主管執行各類訓練計畫事宜。

2. 依據所擬定訓練計畫，協助安排場地，聯繫講課人及聽講人皆能按時報到，上課時協助分發講義資料。

3. 負責繕印有關文件報表，分發及保管檔案。

4. 依照課堂管理辦法，負責課堂整潔。

5. 依據教具器材管理辦法，負責記錄、登記、保管。

6. 協助製作錄音帶，幻燈片併入教具管理，具有機密性者，執行保密管理。

7. 協助辦理新進人員試用期滿測驗及成績紀錄。

8. 協助會議或演講時錄音並整理存檔。

9. 協助了解各部門對訓練效果的意見，並以書面反應給上級。

10. 員工受訓進修費用申請、零用金報領作業、電腦及打字操作。

11. 辦理內部發行週刊雜誌。

12. 辦理實習生訓練，安排學生參觀事宜。

13. 其他臨時或特殊交辦事宜。

六、人力資源秘書／助理
(Human Resource Assistant)

㈠任職條件

1. 工作時間／休假：8小時／天，依勞基法規範。
2. 對誰負責：人力資源部主管。
3. 相關經驗：一年以上餐旅或人事行政經驗。
4. 年齡限制：25～30歲。
5. 工作能力與專長：擅英打並略知中文及電腦，有檔案管理知識。
6. 工作職責：中英文打字、檔案管理。
7. 儀表要求：具耐心、親切、服務熱忱。
8. 教育程度：大專以上相關科系畢業。
9. 工作性質：辦公室文書工作，協調聯繫，人際接觸工作。
10. 體位要求：需要充沛的體力，體健耐勞、無傳染病。

㈡職掌說明

1. 協助主管製作每月薪資報表。
2. 負責員工試用考核書面作業。
3. 年度考核、年薪表格和員工資料準備。
4. 負責與部門往返文件收發。
5. 人資部門檔案的管理及整理。
6. 協助主管溝通聯繫。
7. 中、英文打字，電腦資料輸入。
8. 其他臨時或特殊交辦事宜。

第四節　問題與討論

一、個　案

　　莉芬是一位從大學旅館管理科畢業的社會新鮮人，大學三、四年級時在某觀光飯店餐飲部實習過一段時間，雖然是很辛苦的一個歷程，實習期間也有過不適應、沮喪、憤怒的情緒。但因在那一段時間內，透過旅館的人力資源部化解了許多自己在工作上遇到的問題及困難，對旅館人力資源部門的工作產生了濃厚的興趣，也因此在實習後多修了有關人資管理的課程。畢業後在某五星級旅館的前檯工作將近半年，對於整體旅館組織的運作也有了更深切地體會，而該旅館人力資源部訓練助理的空缺對內部徵才的難得機會，也再次讓她燃起進入人資部門工作的欲望。

　　莉芬在旅館的工作資歷：

1. 三個月的餐飲部服務員：主要的工作為西餐廳及宴會部門基礎的操作－清理餐桌、舖設桌椅、上食物及補充各項餐飲備品等。

2. 六個月的前檯職員：主要學習到如何協助住客辦理遷入、遷出，各項諮詢問題及解決客訴。

二、個案分析

　　目前在臺灣許多設立有旅館管理科系的學校（高職、二專、技術學院等），皆實行所謂的三明治教學法（請參考註釋中註一），一學期在校內上課、一學期在校外實習，結合實用課程設計與校外實務經驗實習並

重的原則，達成「一手拿證書、一手拿證照」的目標，以利學生畢業即可充分就業。另各大學觀光科系的做法則採用累計實習時數，由同學利用課餘或寒暑假的機會，自行與簽約的旅館洽談實習單位及相關事宜。

　　個案中的莉芬是一位很有主見及對自己未來有規劃的同學，雖然在實習初期曾遇到困擾及問題，但因實習旅館十分有制度，不但給予實習學生適當的協助，更給予其基本的就業心理建設，使學生實習初期的挫折感降到最低。莉芬也因此對該旅館產生極大的好感及信心，畢業後毫不考慮的投入該旅館就業成為前檯儲備人才，而更因此對內部訓練管理工作產生了濃厚的興趣，使得旅館省下不少人事訓練的成本，也成就了一位有才華的中級管理人員。

三、問題與討論

　　吳佳樺是一位大學觀光系四年級的學生，在北部某觀光旅館實習的經驗並不是十分愉快，又因對旅遊業及餐飲業沒有興趣，再加上父母親希望她能出國念碩士，她也曾諮詢過學校老師，出國後的出路好像比較適合未來從事觀光旅館業或教書。隨著畢業將即，她愈來愈困擾，也對自己的未來充滿著不安。

註釋

註一☞三明治教學法：將學校教育與工作訓練交替實施，其方式為學校教育與企業內實習期間，各占半年；或兩年接受學校教育，兩年至企業內實習；或每年以九個月時間接受學校教育，三個月至企業實習等，皆稱為三明治教學法。目前許多二年制技術學院已改變實習做法，為兩年中採實習半年，稱為改良式的三明治教學法，以期改善目前僧多粥少的實習狀況。

第四章

員工任用

第一節　籌建期的人力資源規劃

一、籌建期的人力規劃

　　一家觀光旅館及餐廳的建立，要耗費許多的人力、財力、物力，必須經過縝密的籌建過程，而最後的成功條件則依靠一組強勢的經營團隊專業的貢獻，才能營造出成功的事業體。一家旅館及餐廳的人力配置關係著各項因素，例如客源的定位、經營的目標、組織表的建立、作業系統及服務的水平等。

㈠以籌備階段的主要人力試行運作

　　一家旅館或餐廳在籌備時期，因許多服務標準及作業皆未定案，故在人力的編制上以主要人力試行運作，故採以漸進補齊人力的方式來操作。其人力編制的需求預測方法有：

　　1.該部門主管的主觀判斷

　　　　部門主管依以往的工作經驗、現行部門的服務方式（如餐廳單點式或自助餐等因素）、工作區域及面積等判斷其需求。

　　2.依據同業標準來設置

　　　　由顧問公司、人資主管或該部門主管進行同業間的調查數字，做成人力編制的規劃參考數據。

　　3.依據未來服務趨勢分析來編列

　　　　如自家的服務標準與同業不同或有最新趨勢的管理依據，而電腦化的引進及設備的更新等因素，能使生產更有效率時，此時應可適度減少人力編制。

專欄 4-1

單位合併化，人力更精簡

　　旅館組織有一定的部門及相關單位，所以在服務客人上，向來都是各司其職。三年前台中永豐棧麗緻酒店(The Landis Taiching)，率先推出前檯業務相關單位合併化，其作法為合併負責執行遷入作業(check-in)的大廳櫃檯、辦理遷出及結帳作業(check-out)的前檯出納以及專為客人辦理商務事宜的商務中心，成立三合一的大廳櫃檯(Front Office Counter)。如此一來客人即可在大廳的任何櫃檯獲得以上三種服務，既方便又有效率。

　　無獨有偶的在民國八十九年正式開幕的六福皇宮(The Westin Taipei)，該旅館推出多項獨特專屬的服務，如快捷服務(Service Express)、兒童俱樂部(Westin Kid's Club)、天堂之床(Heavenly Bed)等。其中的快捷服務最引起同業間的廣泛研討，其作法是只要住客打快捷服務專線，無論是前檯、房務、餐飲等相關的要求，該單位即可處理不需再轉至其它單位或請客人再重新打其他分機。雖然執行的時間縮短了，但服務的效率及品質卻不打折，推出之後深受客人的肯定。

　　以人力資源的觀點而言，在全球不景氣的影響下，在不降低對顧客的服務水平下，適時的合併單位應為現代化管理的趨勢，再利用日益進步的科技之協助及管理技巧的運用（如分發個人或單位的績效獎金），必能提高工作效能，間接地減少人力的需求。

二、籌建期的人力徵募作業

㈠依據新組織特性與需求編定人員組織編制範例
（請參閱表4-1、圖4-1）

表4-1　組織編制範例

部門	單位	工作職稱	最　大 人力編制	正　常 人力編制	最　小 人力編制
餐飲部	辦公室	餐飲部經理	1	1	1
		秘書或助理	1	1	1
		總　計	2	2	2
	咖啡廳	經　理	1	1	1
		副　理	1	1	0
		主　任	1	1	1
		資深領班	2	1	0
		領　班	2	2	2
		資深服務員	3	2	1
		服務員	5	4	3
		新進服務員	2	2	1
		兼職人員	2.5	2	3
		總　計	19.5	16	12
	中餐廳	經　理	1	1	1
		副　理	1	1	0
		主　任	1	1	1
		資深領班	1	1	0
		領　班	2	2	2
		資深服務員	3	2	1
		服務員	4	3	2
		新進服務員	2	2	1
		兼職人員	2	1.5	2
		總　計	17	14.5	10

註1☞最大人力編制指旺季時最多可徵募的人力標準。

註2☞正常人力編制指住房或生意量在七、八成時最多可徵募的人力標準。

註3☞最小人力編制指淡季時可適時調整的人力標準。

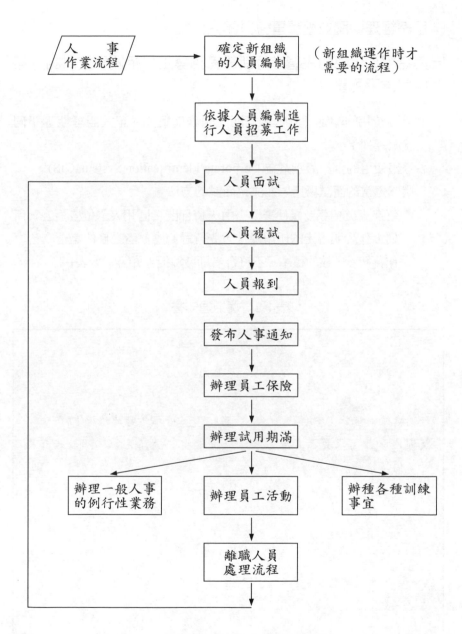

圖4-1 新開幕組織人力招募作業流程

㈡呈總經理參閱並經董事會討論後確定。

㈢與總經理、部門主管進行新組織招募工作相關事宜討論，其中包含下列事項

　1. 登報費用的編定（應依籌備期、開幕前置期、正式開幕期等不同狀況編列）。

　2. 登報使用的企業識別系統(Corporate Identification System, CIS)。

　3. 選擇適當的面試場所，並決定面試的方法。

　　⑴新進人員招募及條件審核需由人資部門會同用人單位核對公司所列工作說明書上的任用條件，先行過濾應試者之條件是否吻合，作為初步審核的標準，不符合者則發婉拒通知書（如表4-2）。

表4-2　婉拒通知書

婉　拒　通　知　書

承　蒙

台端應徵本旅館（餐廳）＿＿＿＿＿＿壹職，特此致謝！

茲因本旅館需求員額有限！未能一併借重，敬請見諒，嗣後若有機會，仍請惠予鼎助為盼！

此　　致

先　　生
女　　士

旅館（餐廳）

民國　　年　　月　　日

⑵經初步審核合格的應徵人員，人資單位應將所有資料整合後，立即與各部門主管安排好團體面試的時間及地點。

⑶所有應徵人員一律先填工作申請書（如表4-3），由初試人員（單位主管及人事副理等人）先行面試。

⑷初試通過人員，在複試通知後面試。（可視情況安排當天或另擇日再面試）

4.複試時應由主試人員陪同與用人單位主管一同面試，並由所有與會的評審將面試結果填入「員工面談紀錄表」（如表4-4），並視應徵職級安排權限主管簽核意見及填妥待遇及特殊條件（人資主管則需審核其所列條件是否符合薪資級距及人事規定）。

複試通過人員，人事辦事員給其報到資料，並請其於約定日期辦理報到。

5.依新進人員報到流程處理

⑴新進人員需於指定時間親自前往人資部辦理報到手續。

❑學經歷證件、國民身份證及服役證明（限男性）正本（正本核對後發還）及影本各乙份。

❑本人最近半身脫帽正面一吋照片三張。

❑保證書（如表4-5）：一般員工的保證書只需要有除了二等親以內人員之簽名蓋章即可。但若為經管錢財或物品等特殊職位者則需具有資本額新台幣五十萬元以上，並經當地縣市政府核發營業執照的舖保為保證人。

❑簽定勞動契約書（如表4-6）。

❑薪資所得扶養親屬申請表（依國稅局提供表格）及公司指定銀行帳號。

❑體檢報告（以法令規定者如廚房從業人員、餐飲外場人員為主）。若因工作緊急無法提供者須於一週內補齊。

❑勞健保投保受保人及受益人等資料填寫。

表4-3　工作申請書

<table>
<tr><td colspan="2"></td><td>一、貼個人照片處
二、本表免費供應
三、填寫本表並不
　保證錄用。</td></tr>
</table>

一、個人資料

姓名中文：	英文：
戶籍地址：	電話：
現在住址：	電話：　　　　手機：
籍貫：　　省　　縣	出生年月日：
	年齡：　　性別：　　血型：
身份證統一編號：□□□□□□□□□□　（外籍人員則填寫護照號碼）	
申請職位：	希望待遇：
身高：　　公分	體重：　　公斤

婚姻狀況：□未婚　□已婚　□喪偶　□其他

軍役：□役畢　□免役　□待役：須待　　　月

介紹人：

為何想換工作：

二、教育

學校或受訓機構	時　間		主要課程	學位／證書
	自	至		

三、任職經歷

服務機構及所在地	期　間	職　位	薪　資	離職原因

僱用日期＿＿＿＿職稱＿＿＿＿＿薪資＿＿＿＿工作職位＿＿＿＿＿

員工代號＿＿＿＿部門主管＿＿＿＿＿人資主管＿＿＿＿總經理＿＿＿＿＿

（接背面）

四、語言及其他能力

能力 語言	說			聽			讀／寫		
	優	良	尚可	優	良	尚可	優	良	尚可
英文									
日文									

能使用何種電腦軟體：

能否打中英文字： 速　度：

證照：1.類別： 號碼： 2.類別： 號碼：

特殊訓練、專長：

五、其他

興趣及嗜好：

病歷（曾否患過重大病症）：

緊急連絡人： 關係： 電話：

通訊處：

配偶： 依靠生活人數：
（請明列子女人數）

朋友姓名	地址及電話	職業	認識時間多久

本表所填資料屬事實，倘有不實經查覺後，願意無條件接受解僱處分。

又若本人因體格檢查及安全檢查未通過，同意無條件離職。

簽　名：＿＿＿＿＿＿＿＿＿
　　　　　（申請人）

日　期：民國　年　月　日

表4-4　新進員工面談紀錄表

新進員工面談紀錄表

90-100 傑出

80-89 優秀

70-79 適用

60-69 備用(再通知)

60 以下 不適用

一、個人資料（由員工自行填寫）

姓名：	年齡：
應徵職位：	希望待遇：
前項工作職位：	前項工作待遇：
為何想換工作：	

二、面談內容（由面試評審主管負責填寫）

應試者條件	人資主管		部門主管	
	評　分	說　明	評　分	說　明
1.儀表				
2.語言能力				
3.表達能力				
4.應變能力				
5.工作經驗				
6.專業知識				
(1)經驗				
(2)訓練				
(3)發展潛力				
(4)特殊專長				
(5)證照				
7.其他(請列出)				
(1)				
(2)				
8.總分				
9.結論及批示	□適用 □備用　　□第二次面試 □不適用 人資主管 日期：　年　月　日		□適用 僱用薪資： □備用　　□第二次面試 □不適用 部門主管 日期：　年　月　日	

表4-5　員工保證書

員工編號：_____

公司

員工保證書

貼被保人照片

保證人加蓋私章

被	保	人
姓名	到職日期	單位
	民國　　年　　月　　日	

（接背面）

保證人

茲保證

貴公司任職，思想純正，在服務期內恪遵貴公司規章制度，如有虧欠公款或侵占毀損公物及其他使貴公司蒙受損害之行為，保證人願按後列保證書規約所列各款立即擔負全部賠償責任，並自願放棄先訴抗辯權。特具證書為憑。

保證人

民國　　年　　月　　日　　保證人　　簽名蓋章

	保	證	人
姓　名		年　齡	
籍　貫			
身份證統一編號			
服　務　機　關			
職　務			
住　址			
與被保人關係			

表4-6　勞動契約書

勞　動　契　約　書
（以下簡稱甲方）

立契約人：

（以下簡稱乙方）

雙方同意訂立契約，共同遵守約定條款如下：

第 一 條：【契約期間】
　　　　　甲方自中華民國＿＿年＿＿月＿＿日起僱用乙方，試用期＿個月。
　　　　　工作地點為：＿＿＿＿＿＿＿＿＿＿＿＿。

第 二 條：【工作項目】
　　　　　乙方受甲方僱用，職稱為＿＿＿＿＿＿＿＿，工作項目如下：
　　　　　＿＿＿＿＿＿＿＿＿＿＿＿＿＿＿＿＿＿＿＿＿＿＿＿＿＿＿＿＿
　　　　　＿＿＿＿＿＿＿＿＿＿＿＿＿＿＿＿＿＿＿＿＿＿＿＿＿＿＿＿＿

第 三 條：【工資】
　　　　　甲方應按月給付乙方工資新台幣＿＿＿＿＿元。按月給付之工資，甲方應於
　　　　　每月＿＿＿日發給，該日如遇例假日、休假日或特別休假日者，以休息日
　　　　　之次日代之。若適用甲方各項獎金辦法時，依其規定辦理。

第 四 條：【工作時間】
　　　　　乙方每日工作時間為＿＿＿小時，每週＿＿＿小時，依各單位實際情形
　　　　　規定其上下班時間。 甲方因業務需要延長工作時間時，依勞動基準
　　　　　法規定辦理。

第 五 條：【服務守則】
　　　　　本公司員工於服務期間應遵守員工手冊上的各項守則，若有違反規
　　　　　定者，除依規定處置外；情節嚴重者，並應送請司法機關追訴。

第 六 條：【保險】
　　　　　甲方應為乙方辦理全民健康保險、勞工保險及依甲方規定意外保險。

第 七 條：【比照辦理】
　　　　　乙方之獎懲、福利、休假、例假等事項依甲方工作規則規定辦理。

第 八 條：【終止契約】
　　　　　本契約終止時，乙方應依規定辦妥離職手續後，方得離職。
　　　　　資遣費或退休金給與標準，依本公司工作規則規定辦理。

第 九 條：【權利義務】
　　　　　甲乙雙方僱用受僱期間之權利義務，悉依本契約規定辦理，本契約
　　　　　未規定事項，依本公司工作規則及相關法令規定辦理。

第 十 條：【修訂】
　　　　　本契約經雙方同意，得隨時修訂。

第十一條：【存照】
　　　　　本契約一式兩份，由雙方各執一份存照。

立契約人：　甲　方：
　　　　　　代表人：
　　　　　　乙　方：

　　　　　　　　　　　　中華民年　　　　月　　　　日

(2)向人資部門領取相關物品

　　❑員工制服申請單—限著制服者（如表4-7-1）。

　　❑更衣櫃鎖匙。

　　❑員工服務證（如表4-7-2）外場人員則需領取臨時名牌，正式
　　　名牌則待正式上任七天內再發放。

　　❑員工手冊及各種基本訓練資料。

6.發布人事通知各項資料

(1)繕打人事通知單（如表4-8），由各相關部門主管簽核，並請總經
　　理簽核後轉財務部門作為核薪的依據。

(2)財務部門將正本撕下自存，餘聯傳回人事經辦人員，其將第二
　　聯撕下歸入該員工個人檔案，第三聯則轉員工保管。

(3)將員工資料歸檔並彙整後檢視是否有遺漏，若有未繳清者必須
　　於七日內繳清。

(4)發布人事通知：凡經決定任用員工，皆應經由人資部發布通
　　知。

　　❑部門主管：由人資部門擬妥書函(MEMO)內容呈送總經理核
　　　准並簽署發布，附辦的相關表格由人資部門負責轉送。

　　❑一般職工：由人資部門定期每月發布，必要時發布書面資料
　　　輔助說明。

7.員工保險

　　勞保、健保業務（以下適用表格由勞、健保局提供）。

(1)加退保業務：員工資料若有變更或加保、退保時，則須填寫保
　　險人變更資料申請書或加入、退出申請表，並附上身份證影
　　本，影印一份存檔正本寄出。

(2)相關給付申請

　　❑員工因傷病住院或重大疾病時，可向人資部領取健保給付申
　　　請書，填寫後交回人資部，並附上醫院收據正本、診斷證明
　　　書，經辦人員審核無誤後，在投保單位證明欄內填妥，寄往

健保局請領。

☐ 員工本人生育、死亡、員工家屬死亡（指：父母、配偶、子女）等情況，則視勞保局規定，填寫相關表格及繳交相關證明，由人資部經辦人員將投保證明欄內填妥，寄往勞保局請領相關給付。

☐ 員工因傷病無法上班者，可向人資部領取傷病給付申請書、現金收據、傷病診斷書填寫後交回人資部，經辦人員審核無誤，在投保單位證明欄內填妥，寄往勞保局傷病給付科。

☐ 依殘廢給付標準表所定之殘害項目，員工若有符合其表上所述之條件則可依殘廢給付申請書、現金給付收據、另由勞保特約醫院開具之殘廢診斷書，必需 X 光檢查者，須檢附 X 光照片，一併繳交人事訓練部，經辦人員審核無誤後，在投保單證明欄內填妥，寄往勞保局殘廢給付科。

☐ 員工已達退休年齡（男：六十歲，女：五十五歲）可向人資部領取老年給付申請書、現金給付收據，經辦人員為其辦理退保，並在申請書中投保單位證明欄內填妥，連同保險人之戶籍謄本一併寄往勞保局老年給付科。

⑶ 員工薪資有變更時，則須填寫勞、健保險投保薪資變更表，影印二份，一份自存，一份轉財務部作為勞、健保自付部分的依據，正本寄出。

表4-7-1　員工制服申請單

員工制服申請單

致：員工制服管理單位　　　　　　　日期：＿＿＿＿＿＿＿
由：人資單位
請發給下列員工制服：

姓名：＿＿＿＿＿＿＿＿＿　部門：＿＿＿＿＿＿＿
職位：＿＿＿＿＿＿＿＿＿　員工號碼：＿＿＿＿＿＿＿
主管：＿＿＿＿＿＿＿＿＿　員工簽收：＿＿＿＿＿＿＿
人資單位：＿＿＿＿＿＿＿　制服管理單位：＿＿＿＿＿

備註：如需訂製，另依公司制服管理辦法採購
正本：員工制服管理單位
副本：人資單位

表4-7-2　員工服務證

旅館（餐廳）

姓　名
NAME ＿＿＿＿＿＿
職　稱　　　　　　　　　照
TITLE ＿＿＿＿＿＿
編　號　　　　　　　　　片
EMP.NO ＿＿＿＿＿＿

表4-8　人事通知單

旅館（餐廳）人事通知單

部門（分店）：_____　　　日　期：___年___月___日

姓　　　名		到　職　日	
目　　前	職位：	薪　　資	
建　　議	職位：	薪　　資	
員　工　代　號		生　效　日　期	
團　保　級　數		勞健保投保額	

變動原因：

推薦人：_____

批　准

_____

部門主管　　人資部主管　　副總經理　　　總經理　　　財務主管

正本：財務部
第二聯：人力資源部
第三聯：員工本人

第二節　各種員工任用功能介紹

　　就人力資源管理及企業經營策略面而言，整體人力資源管理規劃
包括下表所示，而其中員工的任用程序及內容可分為招募、遴選及安置
等三大部分，茲就圖4-2分別說明。

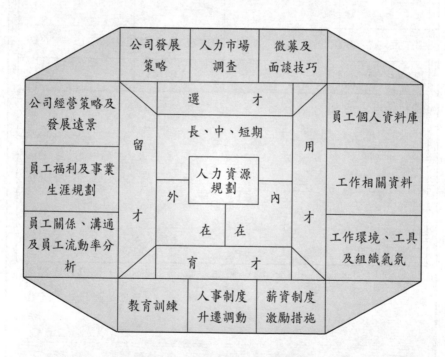

圖4-2　人力資源管理規劃圖

資料來源：楊震寰著，《人力資源規劃觀念及實務》，民國80年7月　P.14。

一、員工任用的各項功能

㈠選才

1. 選才的階段首要條件為公司經營策略及發展遠景的釐清，經由董事會或經營層峰的決策後，規劃出長、中、短期的人力政策。
2. 最新人力資源狀況的分析
   (1)人力市場的調查
   □ 外在人力市場供需狀況：就業人口的種類與品質、勞工參與率、最新失業率等種種分析，有助於了解未來人力資源條件與數量的狀況。
   □ 公司內部人力的預測與計畫：精確評估各單位提出的人力需求，以確定其是否符合公司現階段的需求、有否超出年度預算及企業可否因此達成經濟效益及產生最高附加價值。
   □ 長期合作單位狀況的分析
   ➡ 設置有餐旅管理科系的大專院校：臺灣目前的餐旅業，最有力的人力資源合作對象為各大專院校的實習學生，有的業者更將對基層人力大量需求的外場，規劃1/3以上的人力設定於此，由此可得知其重要性。
   ➡ 設置有餐旅職業訓練的職訓機構：臺灣因產業結構的調整，許多製造業將生產重心轉移至中國大陸，以致許多中高年齡的就業人力資源過剩，加上服務業已漸轉為臺灣的主力產業，政府為解決此問題便加強了餐旅職業訓練類別的單位及場次，故此為目前餐旅業人力資源強而有力的來源。

專欄4-2

建教合作學生是實習生、正規軍或是廉價勞工？

　　十幾年前，由前福華大飯店人資部經理黃良振先生領軍，全台北市五星級的人力資源部主管所組成的「國際觀光旅館聯合徵才大會」，一行十幾人浩浩蕩蕩的進行三天二夜（有時是四天三夜）的苦差事—說服學生加入旅館業。除旅途的勞碌奔波外（南至恆春、東達花蓮）的環島巡迴演講還得回答學生各種奇怪的問題（如為何櫃檯人員通常都要160公分以上，難不成旅館業對個子小的有歧視？為何餐廳要上二頭班，分早晚班不就好了！），因為當初全省有餐旅科系的學校不到二十家，所有行程仍需包括商科或普通科的科系，所以並不是許多人對餐旅業均有正確的認知，再加上過去許多人對「旅館」這個行業存在著奇怪的舊觀念，認為「旅館」都是做「黑」的，加上景氣佳許多行業皆缺人，讓徵募作業進行地十分困難！筆者曾經到中部一間職校做校園徵才活動，學校為釐清錯誤觀念，特別將「聯合徵才大會」與「家長會」結合，以利學生及家長對觀光旅館有一定程度的了解，會中一位家長提出一個尖銳問題，讓所有與會的人資主管印象深刻！她說：「我的女兒唸書念的很辛苦，好不容易高職畢業了，還要去幫客人洗馬桶、端盤子！早知道國中畢業就直接到旅館工作就好了，難道你們就沒有哪種上下班坐辦公室的工作嗎？」

　　時過境遷，目前職校與大專院校已廣設餐旅科系，再加上近幾年來欲從事服務業的人力資源豐沛，供需的情況已倒過來了！但現今卻因觀光旅館的客源逐年減少，經營環境也日漸困難，而對部門運作影響不大的實習生，採減少名額趨勢的旅館愈來愈多。以致許多學生為爭取實習的機會，有時甚至僅支領車馬費。但也有部分旅館逆向操作，提高實習生的名額而節省日益沉重的人事負擔，更可因不需進行招募而省下一筆可觀的人事費用。這樣的做法，孰對孰錯端看各家旅館人力資源運作的策略及效益。

　　但筆者對此現狀則有更深層的考慮，雖然目前學校人力資源豐沛，但業者仍需秉持人力資源管理長期的觀點，對實習學生多一些關懷及訓練，甚至規劃一些具吸引力的培訓計畫（相關規劃請參閱第五章），而非只將同學當作廉價勞工，而賠上企業在外的名聲。

3.徵募及面談技巧

(1)徵募的意義

　　徵募為根據公司對人員條件的設定及標準作業說明書，尋找具有此條件及合適的人才。

(2)徵募的來源及方法

　　徵募的來源可為前述之校園徵才及一般企業最常使用的媒體廣告（如登報、廣播、電視或各種相關的書面雜誌等），及104人力銀行等人力仲介公司，另亦可為企業內部徵才（主管、員工介紹或內部人才資料庫的搜尋─如離職、退休、曾應徵過的人員或主動送資料的人才庫）等。

(3)徵募的內部作業及流程介紹

❑ 依據組織編制核對缺額為需要徵募人員（亦可分為內部升遷或外部招募）。

❑ 由缺人的部門主管先填寫人員請求書（表4-9）。

➡ 若為員工離職而產生缺人情況，需附上該員工離職單。

➡ 各用人單位若需編制外人力，則應提出專案申請並附上營業目標、用人目的、欲達成的績效等附件，先行轉至人力資源部由人資主管批示意見後，轉呈總經理簽核後生效，再進行徵募作業。若人力編制為長久性更動，則需更改人力編制。

❑ 該表經總經理簽核後始可進行徵募工作。

❑ 人資部門依據組織缺人狀況及預算編制，決定是否登報或尋求其他徵募的途徑。

❑ 若有其他徵人管道（如學校或職業訓練部門）則優先採用。

表4-9　人員請求書

人員請求書

部門：＿＿＿＿＿＿　　職稱：＿＿＿＿＿＿＿＿＿＿＿＿＿＿＿

工作時間：自＿＿＿至＿＿＿　固定班制：＿＿＿＿＿＿　輪班制：＿＿＿＿＿

人數：＿＿＿＿＿＿＿　　補人：＿＿＿＿＿＿＿　　增人：＿＿＿＿＿

固定工：＿＿＿＿＿＿＿　臨時工：＿＿＿＿＿＿＿＿＿＿＿＿＿

資格：＿＿＿＿＿＿＿＿＿＿＿＿＿＿＿＿＿＿＿＿＿＿＿＿＿＿＿＿

薪資：＿＿＿＿＿＿＿＿＿＿＿＿＿＿＿＿＿＿＿＿＿＿＿＿＿＿＿＿

需要日期：＿＿＿＿＿＿＿＿＿＿＿＿＿＿＿＿＿＿＿＿＿＿＿＿＿＿

替補：＿＿＿＿＿＿＿＿＿＿＿＿＿＿＿＿＿＿＿＿＿＿＿＿＿＿＿＿

增人理由：＿＿＿＿＿＿＿＿＿＿＿＿＿＿＿＿＿＿＿＿＿＿＿＿＿＿

人力編制情況：

　　　　　　最大編制人數：＿＿＿＿＿人

　　　　　　最小編制人數：＿＿＿＿＿人

　　　　　　預算編制人數：＿＿＿＿＿人

　　　　　　實 際 人 數：＿＿＿＿＿人

　　　　　　　　　　申請單位　　　　　　　　　部門主管

內部遞補：

新僱用：

暫不補人：

＿＿＿＿＿＿＿＿＿＿＿＿＿＿＿＿＿＿＿＿

說　明

＿＿＿＿＿＿＿＿＿＿＿＿＿＿＿＿＿＿＿＿　　＿＿＿＿＿＿＿＿＿＿

人資主管　　　　　　　　　　　　　　　　總經理

備註：(1)填報順序：部門主管⇒人事主管⇒總經理。

　　　(2)本請求書在未獲批准前不得徵募人員。

　　　(3)每張工作申請書應附已獲准的請求書始得送呈總經理批准。

❑若無其它管道可尋覓適當人選才可登報或刊登104等媒體。

作業方式：

➡ 依據預算、報紙及網站的普遍性、有效性等因素決定登報的媒體。

➡ 職位、職務的敘述則依據任職條件及職掌說明。

➡ 登報日期原則上以星期日或假日（有急切性需求者不在此限）。

❑面試程序：參考上節所列的程序。

❑面試後作業：面試完成後，合者留用不合者婉拒。合者經由人資部門填妥工作申請書上的相關資料，轉僱用部門主管簽核後再傳至總經理簽核；不合者由人資部門發通知函婉拒。

㈡用才

1. **用才的階段首要的條件為適才適用：** 將員工的基本資料建檔於人才資料庫中，建立所有有關的工作說明書並隨時更新，最重要的是凝聚工作環境及組織氣氛，規劃出最符合餐旅服務業的環境，讓員工能樂於工作中。

2. **適人適所：** 餐旅服務業不同於其他製造業，適當的用人是對人資主管及部門主管的一大挑戰。所有的人才經過第一階段的遴選後，依據工作說明書、作業規範、人格測驗、推薦信函、身家及背景調查等遴選的依據後，即接受公司工作的指派，通常需經過一段時間的試用期，雙方各自調適並接受員工的表現與公司的企業精神及文化，也經由此段期間的觀察，主管必須由其對組織及工作的滿意度、行為與績效的表現程度及與同事間的相處情況等，認知該員工是否適任於此工作。

3. **試用期滿辦理作業程序：** 凡新進員工，除表現特殊優異者予以縮短試用期限外，皆以試用三個月為原則，試用期滿三個月後。

⑴人資部門按時填送「新進人員試用期滿考試通知單」給該員工後，請其至人資部「考試用期滿測試」。人資部門在改完後直接給用人單位主管，由部門考核其專業能力後，決定是否繼續留用後退還人資單位。

⑵用人部門主管退還「試用期滿考試通知單」（表4-10）後，由人資部門另以書面通知為正式員工。

⑶團體醫療保險（視公司政策而定，適用表格由各保險公司提供）。

❑新進員工試用期滿考試通過，則發給試用期滿通知書，並附上團體保險加入卡，請其填寫後將加保卡傳回人資部。再填寫團體保險加保申請書，影印二份，一份自存，一份轉財務部，正本寄出。

❑員工及其眷屬若有因病住院或動手術者（門診不在內）則可持診斷證明書及收據正本交給經辦人，經辦人則請其填寫團體醫療給付申請書，然後影印二份，一份自存，一份轉財務部，正本寄出。

❑若承保公司理賠支票寄來，則通知申請人帶私章前來領取。

❑員工若加保等級有變更（如：結婚、生子─視保險契約內容而定）則需填報調整通知書及變更卡，然後影印二份，一份自存，一份轉財務部，正本寄出。

❑員工離職時，亦應填寫團體保險退保書，影印二份，一份自存，一份轉財務部，正本寄出。

表4-10 試用期滿考試通知單

試用期滿通考試知單

日期：＿＿年＿＿月＿＿日

部門：＿＿＿＿＿＿ 員工姓名：＿＿＿＿＿ 職位：＿＿＿＿＿

試用期滿日期：＿＿年＿＿月＿＿日

項 目	優	佳	滿意	可	差	需加強	意 見
1.工作知識							
2.工作品質							
3.學習能力							
4.信賴度							
5.人際關係							
6.儀表							
7.出席							
8.紀律							
9.其他（請列出）							

評 語：＿＿＿＿＿＿＿＿＿＿＿＿＿＿＿＿＿＿＿＿

＿＿＿＿＿＿＿＿＿＿＿＿＿＿＿＿＿＿＿＿＿＿＿＿

＿＿＿＿＿＿＿＿ ＿＿＿＿＿＿＿＿

考核者 被考核者

☐ 繼續僱用

☐ 延長試用（期限＿＿＿＿日）

☐ 停止僱用

＿＿＿＿＿＿＿ ＿＿＿＿＿＿＿ ＿＿＿＿＿＿＿

單位主管 部門主管 人資主管

專欄 4-3

人事廣告可以看出什麼學問？

一家公司行號的徵募廣告，除了表象中的徵人訊息，也包含了許多文字所未表達的內涵：

1. 公司形象的廣告：一家有制度的公司，非常重視對外的各種形象，而徵募廣告也是另類的公關，所以除了徵募人員的內容外，公司的CIS（即所謂的LOGO）也有專業的設計。

2. 廣告整體的設計及呈現：雖然目前的人力市場是僧多粥少的情況，部分半導體產業為吸引應試者的注意力，往往在廣告的整體定位及呈現上迎合社會新鮮人的口味及趨勢，如此一來才有辦法在競爭對手中突出，在人資的徵募上無往不利。

3. 公司制度及福利等誘因的陳述：人事廣告的內容，最新的趨勢不只是對工作內容及人員條件需求的陳述，更重要的是公司的制度及各項福利的說明，如此不但可以增加企業正面的形象外，更可因此而得到有才能者的青睞。

(三)育才

1. 育才的階段最重要的任務為培育公司的人才，企業為追求永續經營，人員為求其成長、獲取較優勢的競爭能力，首要的條件為提高員工的生產力及服務品質，最有效的方式為訓練。

2. 激勵的機制：雖然服務業為求更勝他人而投入大量的人力與財力於訓練及員工職涯的發展，但往往不見有效的貢獻，除訓練需經時間的培育外，是否有配套的激勵制度，往往是訓練最大的考驗。若無相關的激勵（如人事獎懲制度、升遷調動、薪資制度的

鼓舞及各項的激勵措施），那麼企業的訓練則只是教育，只能起潛移默化的功能，對於較被動或無心向上的員工則起不了任何作用。

3. 儲備及考核的效用

(1)人員的訓練及培育是長期的規劃，建立內部訓練及儲備的制度將強而有利的增加員工接受訓練的企圖心。

(2)績效考核與薪資管理制度密切配合，將有助於激發員工的潛能並使有才能及貢獻者，適當地得到應有的獎勵與該有的薪資報酬，如此才可伸張公司的公平原則，並為留才奠定強而有力的基礎。

㈣留才

留才階段最重要的是讓員工充分了解，公司目前經營的策略及未來發展的願景，制定具有競爭性的員工福利及生涯規劃制度，並加強與員工互動的關係等，以期達到留住好員工的階段目標。

1. 公司目前經營的策略及未來發展的願景

每一位員工都有權利知道公司目前經營的策略為何？短、中、長期的發展方向為何？以作為自己職涯規劃的認知。

2. 員工福利

員工福利的制定方向，除了與競爭對手相比較外，更要秉持著照顧員工及其家屬的原則，除符合勞基法的基本規定外，更要以生老病死的方向為員工妥善規劃，一方面使企業能在有限的資源上充分發揮其效益，更要站在員工的立場上深思其真正的需求。

3. 生涯規劃

許多餐旅服務業花了許多的人力及財力在選、用、育才方面，卻忽略了對員工生涯規劃的重要性，致使許多有能力的人員飲恨而去，造成人力成本的無形浪費而不自知。有效地應用跨部門訓練或職位調動，是一般企業最常使用的方法，除此之外第二專長的訓

練，也會使資深員工重新燃起對工作的熱忱，也較符合現今餐旅服務業的通才趨勢。

4.員工關係

創造和諧的工作環境是許多服務業應努力的目標，因為有快樂的員工才會有滿意的顧客。而柔性的管理已漸漸取代權威性管理，適度的授權反而是一種新潮流的認知，參與式的現場機制更是目前最具說服力的模式，也可為一向緊張的勞資對立排除了許多不必要的爭議。

5.離職管理的機制

員工離職的面談及非正常性的離職原因調查分析，有助於釐清各項可能的因素，不但可為人資找出合理的解決方案，更可為企業淘汰不適任主管，不可不謹慎處理。另離職員工資料管理及更新，可作為再次僱用的重要依據。

第三節　餐旅業工作分析及說明書製作

一家旅館或餐廳在籌備期初，首先必須確定其組織架構的各部門功能及相關的任務分析，而其中人員工作責任、所需要的工作經驗與其他部門或單位關係等資料的說明和分析，即為工作分析及說明書。以下針對工作分析的功能、方法及步驟加以說明。

一、工作說明書的目的

1.人力資源規劃的依據

工作說明書為人員遴選中條件的依據，更為內部調動及升遷的重要考量標準，是人資部做企業人才規劃的重要依據。

2.就職與任用

　　工作分析的結果可作為此份工作的資格及標準，人員的就職與任用皆可以此為標竿。

3.薪資報酬

　　工作說明書的工作內容可分析此份職務的重要性與價值，做為設定薪資的依據。

4.績效標準與評估

　　工作說明書的各項標準，可為人員工作績效達成程度的基礎，更為考核的依據。

5.培訓

　　工作說明書的工作標準，可為人員訓練的重要依據，也是新進人員的職前訓練、在職員工的在職訓練及未來員工職涯規劃的參考。

6.管理發展

　　工作分析的工作標準，可為未來工作調動及任務分配的根據，使得各級人員各司所職適才適所，也為企業權責劃清分層負責的制度，奠定良好的管理發展。

二、工作說明書資料蒐集方法

㈠直接觀察法

1.方法：由負責工作分析人員實地觀察工作者的工作內容與環境等，然後加以紀錄。

2.適用職位：一般而言，基層操作人員（如餐廳服務生、旅館房務人員和門衛、後勤的會計及出納等基層人員）的工作說明書多以此法蒐集。

3.優缺點分析

　⑴優點：成本低廉且最簡單。

(2)缺點：

　　❑不適用於專業性需經由心智活動的工作，如管理人員及企劃
　　　人員等。

　　❑觀察者必須要有極專業的工作素養。

　　❑較容易影響到被觀察者的日常工作。

㈡問卷調查法

1.**方法**：由負責工作分析的人員依據欲調查的工作內容，以問卷方
式請工作人員填寫，然後加以整理及分析。

2.**適用職位**：除較基層人員外（餐務人員或清潔工），適用於所有
職務。

3.**優缺點分析**

(1)優點：短時間內可以蒐集到大量的資料。

(2)缺點：

　　❑問卷的方式設計將影響到欲回收的答案。

　　❑若雙方的認知不同，將會有很大的誤差。

　　❑受訪者為達成減少工作量的目的而作不實的填寫。

　　❑基層的員工將會有填寫或說明上的困難。

㈢訪問法

1.**方法**：由負責工作分析的人員與該職位員工或直屬主管作面談詢
問，然後加以記錄。

2.**適用職位**：適用於所有職務。

3.**優缺點分析**

(1)優點：較易取得深入及完整的資料。

(2)缺點：

　　❑訪問期費時又費力，後續整理將資料書面化必須耗費許多人
　　　力及物力。

　　❑訪問者必須要有極專業的工作素養及訪問技巧。

㈣小組討論法

1. **方法**：由負責工作分析的人員與該職位員工及直屬主管等人作小組腦力激盪，然後加以記錄。

2. **適用職位**：適用於所有職務。

3. **優缺點分析**

   ⑴優點：觀點較完整不會偏頗，也較易取得實際工作者的認知。

   ⑵缺點：

   ❑不易達成共識。

   ❑費時又費力。

   ❑分析者必須要有一定的職級及專業的工作素養，才易取得參與者的信任。

㈤績效評估法

1. **方法**：由負責工作分析的人員與該職位直屬主管等人作績效評估時的雙向討論，然後加以記錄。

2. **適用職位**：適用於所有職務。

3. **優缺點分析**

   ⑴優點：較易取得深入及完整的資料。

   ⑵缺點：

   ❑過度表現或態度不佳者將影響所設定出的標準。

   ❑費時又費力。

三、工作說明書的內容（參考表4-11）

1. 職位名稱。

2. 工作名稱。

3. 職位、職等及編號。

4. 所屬部門。

5. 向誰負責。

6. 橫向負責及聯絡。

7. 主要的工作職責

8. 工作設備、儀器及環境等。

9. 與其他部門及工作間的關係。

10. 備註。

表4-11　工作說明書

制定日期：92 年 5 月 10 日

職位名稱：人力資源部經理	工作名稱：面試
職位職等：A 級主管	職位編號：HR012
所屬部門：人力資源部	向誰負責：總經理
橫向負責及聯絡：所有各部門主管及業務相關人員	

此項工作主要職責：

1. 負責所有旅館或餐廳人員的面試。

2. 初試由人資副理或餐廳店長負責。

3. 複試時由人資主管依人員需求的急迫性、工作的性質及人員的特質等因素，決定採用何種面試方法與技巧。

4. 若為主管級以上人員的複試須事先安排好最高面試主管的時間，以避免應試人員多次往返。

5. 人資主管須事先詳細閱讀應試者資料，必要時須與用人主管事先溝通雙方對人員的看法及標準，以避免選用標準不同而造成選才的困擾。

6. 面試時應注意事項：

　(1) 注意應試者的應對是否得體、是否有相關的工作經驗、是否有服務的熱忱、其服務的理念是否吻合公司所需、是否對工作有過度或不及的不當期望、是否有憤世嫉俗等的不當想法等。

　(2) 仔細詢問應試資料的正確性，必要時（如高階主管）須向其以往工作機關作相關的徵信。

(3)若有語文的要求職位，視工作的內容作適度的口試或筆試，以作為錄取標準的參考。

(4)面試過程應留意應試者是否有不當表現，或未符合服務禮儀規範者應視其嚴重性作為是否錄用的重要指標。

(5)若未有相關工作的社會新鮮人可視職位的需求，給予其適當的機會表現，亦可為工作培養有潛力的人員。

(6)一般員工最多面試時間為10～15分，主管人員則須在30分左右，才有辦法做合理的人員資料確認及認知。

(7)若該人員之外表、穿著、言行舉止不對時，可依情況直接婉拒，以避免不必要的麻煩。

工作設備、儀器及環境：

1.單獨面試辦公室，並避免接聽不必要的電話（應適度的裝修及擺設，以增強應試者對公司的印象。）

2.公司文宣或海報可張貼於適當的場所。

3.須提供應試者茶水等的招待。

與其他部門及工作間的關係：與用人單位保持密切聯繫，以爭取最佳時效。

備註：1.各職位的測試資料須完整。

2.性向及智力測驗由公司作業標準訂定之。

3.選才標準由各單位所提出任職條件及作業程序為標準。

4.應依法令標準來作面試內容的規劃，太過私密或不合法的問題應避免。

5.面談時應紀錄所有相關資料，以避免事後遺忘，並應與應試者所有資料合併在一起以免遺失。

6.若該職位需求急迫時可採用與用人單位主管共同面試，以方便作最迅速的決定。

修訂紀錄：	制定人：人力資源部經理
	核准人：總經理或副總經理

第四節　餐旅業人員精簡的方法

　　近年來因為國內多數產業轉移至大陸及東南亞，基層人力大量釋出，導致失業率大增又因國際情勢不穩定（美伊戰爭）、嚴重急性呼吸道症候群(SARS)等的因素，而導致休閒事業來客率大減，餐旅業人力過剩的情況非常嚴重，企業要如何解決長期或短期性的人力資源過剩情況，說明如下。

一、遇缺不補

㈠適用情況

　　此種情況多用於預期性業績不佳或短期性人力過剩時的第一選擇。

㈡做法

　　當有員工因離職、退休或死亡時，此一空缺的工作量由其原單位的其他員工共同分擔，不再聘用新人。但因景氣不佳一般員工不會輕易離職，所以對於解決人力過剩的情況不易有明顯的效果。

二、不再聘用短期人員

㈠適用情況

　　此種情況多用於預缺不補時仍無法解決人力過剩時的做法。

(二)做法

許多部門在人力編制有彈性的短期人員或部分工時人員,若業務量在正常人力可以充分運作時就必須開始實施不再聘用短期人員,但因其人力成本節省有限,實施此法後若仍無明顯的效果時就必須考慮其他的方案。

三、推動提早退休或提出優惠退職方案

(一)適用情況

針對不景氣、業務不看好或是公司內部的年齡層老化情況嚴重等狀況。

(二)做法

1. 提供優惠辦法鼓勵員工提前退休,如法定退休年齡為60歲或服務滿25年,可規劃為滿55歲或服務滿20年,但規劃前須注意與財務部門研究公司財源是否穩定才可運用。
2. 另可以計畫所謂的離職金,如滿5年、10年、15年等給予一定比率的離職金,以自願的方式來鼓勵員工退職,但推出時人事部門須注意申請者若為公司菁英份子須與各部門主管研究相關的留才計畫才可運用。

四、預休年假

(一)適用情況

此種解決方法大多針對短期性的人力過剩,或於淡季時採用的解決方案。

㈡做法

　　依據公司實際的營業狀況，規劃多餘的人力預先休假，待旺季時才不會因員工休假導致人力不足而須申請部分工時人員，因而增加額外的人事成本。休假的相關規劃請參閱專欄4-4。

 專欄4-4

預休年假的規劃

　　一般而言此規劃較適用於成立年資較久的公司行號，因為勞基法中所規定的年假數，年資較久的員工一年的年假有時多達30天，易造成主管在排班時的困擾，若可以在淡季時調整掉部分的年假，旺季時較不易產生人力不足的困境。其相關規劃的規定應考慮以下因素：

1.試用員工的身份
　(1)須為正職員工。
　(2)年資須滿＿＿年以上。（年資的多少，可斟酌員工的年假總數、
　　　業務量的多寡、員工的接受程度等主客觀因素）

2.須於＿＿＿＿＿日以前提出申請，並規劃相關請假的授權層級及流程，避免與一般請假作業混在一起，以免弊端或錯誤產生。

3.給予適當的彈性：不建議將可休假的天數硬性規定，給予部門主管相關的彈性，但必須隨時稽核，並注意員工離職時須有相關的流程，提醒人資部門該名員工有預休年假並有扣薪的作業，才不至於浪費公司人事成本並造成休假制度的不公。

五、跨部門支援及訓練

㈠適用情況

此種解決方法針對淡季及公司人員數在短期內無法減少，或暫時不欲採較激烈（如裁員）的方法時之做法。

㈡做法

在遇缺不補的情況下，應將多餘的人力作跨部門的訓練，如後勤單位及營業不佳的部門，作多職化的訓練（如宴會廳的分菜服務人員不再請部分工時人員，而以訓練後的現有人員作支援）。

六、收回外包工作

㈠適用情況

因組織人力過剩，短時間之內不裁減人員或不想引起員工反彈時的做法。

㈡做法

可將原本外包性的工作如夜間清潔、公共區域清潔、園藝整理、警衛等工作收回，由相關的部門（如房務部、餐務部、安全部等）負責，一方面可使過剩人力有事可作，同時亦可節省部分營運成本。

七、不支薪休假

㈠適用情況

此種解決方法多針對短期性的人力過剩及無法預知業務量的狀況，如九十一年四月起造成人心惶惶聞之色變的SARS，因而導致無可預知的短期市場低靡。

㈡做法

依據公司實際的營業狀況，規劃多餘的人力分配休假。休假時期公司不支付薪資，但仍保有所有福利及相關津貼。此法須注意以漸進的方式，忌勿剛開始就以多天（如超過10天等）實施，更不要選擇性的實施以避免引發員工的抗爭，而事先的宣導及溝通更是人力資源部的主要工作。

八、減薪

㈠適用情況

是對公司業務的發展完全無法掌控時的選擇，如SARS期間旅行社的業務量幾乎到零時，許多公司皆採用此作法來度過此時期。

㈡做法

對人力成本過高的狀況，若不採取裁員時就只好減低薪資，而第一階段減薪的對象一般以中高階層人員為主，減薪的幅度則視公司的狀況而定，大致以不超過15%為宜。第二階段則考慮以一般員工為減薪的對象，一來其薪資較低，減薪對整體人力成本的降低有限，二來基層員工實為公司所有作業最重要的人力，同時也可避免影響其最基本的生活費用。

九、臨時性的留職停薪

(一)適用情況

針對短期性公司必須關閉或停業時的選擇，如SARS期間某家旅館因接待香港疑似病例的觀光客，被衛生單位要求暫時停業。

(二)做法

將所有人員採取短期性的留職停薪，來因應突發性的停業，但宜事先與員工溝通並宣告正確的復業日期，以降低員工對未來不確定感的疑慮及不安。

十、資遣

(一)適用情況

針對組織營運已產生困難須裁減部分人力時的最直接及最後選擇。

(二)做法

應由人資部門提出名單及財務部門計算出相關費用，供最高主管作考慮，但須注意人員的名單是否公平，另須特別留意勞委會於九十二年五月份通過的大量資遣員工之相關規定，以避免牴觸相關法令而造成企業形象的損毀。

在組織因營運不佳或外在環境影響的長短期人力過剩，每一家公司都有其不同的解決方法，想要情理法要並重達到勞資皆滿意的情況幾乎是不可能的，採用溫和且漸進的方式應是對企業永續經營較理想的做法，也是考驗人力資源部主管智慧的最大挑戰。

第五節　問題與討論

特殊時事分析

　　九十二年對臺灣餐旅業是最慘澹的一年，三月份的美伊戰爭，之後接踵而來的是二十一世紀最大且最可怕的傳染病SARS－嚴重急性呼吸道症候群，其造成全球性的旅遊業不景氣，更因臺灣由香港傳染的病例，在四月份開始第一起死亡病例，到被世界疾病組織發布為疫區，是對才剛要起色的餐旅業最致命的一擊。許多旅行社已因完全招攬不到遊客而倒閉，航空公司因國內旅客減少出國，國外旅客不敢來臺而大量減班，香港國泰航空更於五月初宣布實施三個月不支薪休假（參考第四節的解釋）四週，一直到公司營運狀況改善為止。旅館業則有默契地採用一月中4～5天不等的不支薪休假。餐飲業較常採用的方法為主管職率先減薪10～15%，一般職員工則採用一月中2～5天不等的不支薪休假等不同的解決方法。

　　非常時期採用非常的做法，在此無法正確判定其正確性，但企業為度過難關所採用的折衷做法，員工大多能體會，雖有極少數員工無法同意，但營業量的遽減是每一位在職的員工都有的強烈感受，人資部門此時除了要實施減薪及不支薪休假的政策外，更要扮演雙向溝通的角色，必要時拿出實際的相關數字來說服無法配合的員工，若其仍執迷不悟時也只能靜待勞資協調或視情況的嚴重性予以適當的處置或資遣，畢竟若無企業的永久性經營，員工亦是無法在安定的環境中工作及養家活口！

第五章

訓練與發展

□學習目標

✎ 餐旅業訓練需求評估

✎ 訓練的定義、目的及種類

✎ 成人學習特徵及企業學園現狀分析

✎ 訓練評估結合績效作業

✎ 問題與討論

　　餐旅業屬服務產業的代表，對於市場激烈的競爭、國外知名企業的引進、客人需求日新月異、員工對工作及生活品質的要求不斷地提升等的壓力與挑戰。各大知名公司行號為求企業永續經營、獲取較優勢競爭地位、鞏固顧客的忠實度，必須提升員工的生產力及服務品質。而要達成此目的的不二法門為則訓練、訓練再訓練，而許多員工也將受訓視為工作報酬的一部分。所以雖然整體經濟不景氣但各家旅館及餐廳，無不費盡心思的建立完整的標準作業流程、訓練各級專業人才，才有辦法爭取客人而達到雙贏的局面。

第一節　餐旅業訓練需求評估

訓練需求的分析

㈠決定訓練需求的因素

　　目前餐旅業負責訓練的單位，仍以人力資源部（或人事部門）居多，成立專職的訓練部門則以較大的公司行號者占多數。訓練主管單位在決定訓練需求時，多數以下列因素為考慮的要項：

1. 公司的年度訓練重點。
2. 企業文化及短、中、長期的目標。
3. 顧客反映及抱怨。
4. 各部門建議。
5. 員工工作的需求。
6. 員工自我意願。

7. 各單位自行決定。

8. 其他臨時性的需求。

㈡訓練需求診斷的重要性

訓練需求診斷即是依據組織目標及可運用的資源，以決定訓練的重點，其次則要實施工作分析，以判定人員需要具備何種能力才可執行職務，最後依其職責及未來發展方向，分析現有智能及意願是否合乎要求。當現在或未來預期績效與現有績效間有差距時，即有訓練需求的存在。

㈢員工訓練需求的原因

1. 新進員工

⑴對於新的工作完全陌生。

⑵有過去的工作經驗，但是其標準、方式及過程等與現在的工作不同。

⑶有過去的工作經驗，但是缺乏工作上某方面的知識、技巧或態度。

2. 舊有員工

⑴缺乏知識、技巧或存有錯誤的態度而未能達成旅館要求的工作目標。

⑵原工作內容、過程、設備、方法等有所變動須重新介紹說明。

⑶新的工作成立、部門分立或合併等。

⑷升遷、調職或輪調。

⑸提升現有員工的工作職能、服務技巧或心態等。

⑹新的公司政策。

㈣員工訓練需求的評估與診斷的方法

1. 如何獲知需求所在

(1)與所有工作相關的人員會談。

(2)採用問卷調查方法（如表5-1）。

(3)觀察法。

(4)重大的事件或案例經驗。

(5)人員僱用記錄、教育背景及訓練資料。

(6)績效評估的方法。

(7)顧客意見調查表的彙整及統計。

(8)其它臨時性的案例或建議。

2. 如何診斷訓練的可行性

(1)是否與公司政策吻合。

(2)是否合乎服務提升的理論。

(3)部門主管的建議及意願。

(4)訓練的成本、預算、場地及時間等因素。

 專欄 5-1

訓練的好處

　　在當前的經濟社會，每家公司行號在招募新人時，常常打出的文宣為「本公司具完整的訓練制度」，藉以吸引新人的投入。到底「訓練」的好處為何，可針對幾個方向來說明：

1. 對員工方面

(1)改善自信並迅速達到應有的專業水準，迎向工作挑戰。

(2)提升激勵的層次。

(3)提高士氣，增加工作效率。

(4)事先做好準備升遷的能力。

(5)減輕因不懂而形成的工作壓力。

2.對客人方面

(1)提供高品質的產品。

(2)提供高水準的服務。

(3)使整體消費氣氛更愉悅。

(4)讓客人有物超所值的感覺。

(5)消費有保障。

3.對督導者方面

(1)降低員工缺席率及流動率。

(2)有更多時間做現場督導工作,而非每日都在訓練員工。

(3)掌控員工習性,建立與部屬間的互信與尊重。

(4)提供更好的主管與部屬的關係。

(5)可以組成強勁的工作團隊。

(6)提升自我專業的知識及服務技巧。

(7)擁有更多升遷的機會,增進個人前途的發展。

4.對公司方面

(1)提高營業額。

(2)增加生產力。

(3)降低成本。

(4)減少意外的產生。

(5)提升公司整體形象。

(6)建立與常客的互動。

(7)增加服務口碑,並減少客人的抱怨。

(8)吸引有潛力的員工。

表5-1　訓練需求調查表

訓練需求調查表

部門：＿＿＿＿＿＿＿＿＿＿＿　　　日期：＿＿＿年＿＿＿月＿＿＿日

課程名稱	職前	在職	訓練目的	訓練人數	課程時數	預計費用

人資部審核意見：＿＿＿＿＿＿＿＿＿＿＿＿＿＿＿＿＿＿＿＿＿

＿＿＿＿＿＿＿＿＿＿＿＿＿＿＿＿＿＿＿＿＿

＿＿＿＿＿＿＿＿＿＿＿＿＿＿＿＿＿＿＿＿＿

＿＿＿＿＿＿＿＿＿＿＿＿＿＿＿＿＿＿＿＿＿

＿＿＿＿＿＿＿＿　　＿＿＿＿＿＿＿＿　　＿＿＿＿＿＿＿＿

　部門主管　　　　　　人資主管　　　　　　　總經理

第二節　訓練的定義、目地及種類

一、訓練的定義

1. 一個公司用來協助員工學習，使其行為能有助於完成公司的目標與目的的程序。(McGehee & Thayer, 1961)
2. 系統性的獲取技術、規劃、觀念或態度，導致在另外環境中表現改進。(Goldstein, 1986)

綜合以上兩位專家的定義，訓練應包含以下幾個重要因素：

1. 有系統性－經由有計畫性的訓練系統。
2. 學習－透過各種不同方式的學習。
3. 收獲或改善－對於新知識的吸取或透過訓練，改善技能及態度等。
4. 成果評估－各種知識的獲得及行為的改變，透過訓練的成果評估可完成公司或階段性的目標。

二、訓練的目的

㈠企業本身

訓練的目的在於降低營運成本，提升員工的生產力及適時給予全體員工最新管理觀念及新知等。

成功的訓練可從以下各項看出對企業的成效：

1. 營收增加。
2. 離職率降低。
3. 盈餘（利潤）提高。

4.士氣高昂。

5.意外事故減少。

6.可晉升人員增加。

7.請假率降低。

8.破損率或浪費降低。

人力資源部應配合上列各階段的特徵，檢討訓練是否成功，而辦理長期或機動性的訓練計畫。

㈡員工個人

1.使員工學習工作所需的知識、技能及相關的能力。

2.協助員工的成長並可提升及累積工作經驗，更可面對不同的新挑戰及迎向不同的升遷。

3.利用訓練來吸收不同領域的講師之經驗，轉化而成自己工作所需的才能。

4.訓練可以滿足員工對不同新知的追求及達成不同的人生目標。

5.藉由訓練來貫徹企業的文化及理念，進而提升員工個人的服務心態並鞏固服務的品質。

6.許多餐旅業員工並未接受較高的教育，在此可經由訓練而使其提升自我的能力及競爭力。

三、訓練的種類

㈠始業或職前訓練即新人訓練(Orientation)

1.公司部分

⑴訓練對象：每一家旅館或餐廳都有不同的始業訓練項目規劃及時間的安排（半天、一天或二天等），所有的新進人員均應接受此項訓練。

⑵內容大要

□ 協助新人瞭解公司歷史、傳統精神、經營理念及未來展望。

□ 協助新人瞭解公司的組織、制度及規章。

□ 協助新人瞭解公司的安全、衛生及緊急事件的處理。

□ 協助新人熟悉工作環境及各項設備。

(3)訓練課程安排

　　□ 公司組織介紹。

　　□ 公司的傳統及服務理念。

　　□ 人事福利講解。

　　□ 餐旅業現狀的介紹。

　　□ 餐旅業安全消防及意外事件處理程序。

　　□ 新工作的開始。

　　□ 儀容規定。

　　□ 參觀餐旅業各餐廳、客房及後勤區。

　　□ 其他。

2.部門部分

(1)訓練對象：所有未通過試用期的新進部門人員。

(2)內容大要

　　□ 協助新人瞭解部門各項規定及責任分配。

　　□ 協助新人學習該單位應具備的基本專業知識及技巧。

　　□ 協助新人瞭解部門特別的安全、衛生及緊急事件等的處理原則。

　　□ 協助新人熟悉部門環境及設備。

(3)訓練課程安排：（以餐飲部為例）

　　□ 打卡及簽到規定的介紹。

　　□ 如何領取、保管及交回相關鑰匙。

　　□ 各項用品的領取手續及注意事項。

　　□ 大門或辦公室的開啟及保全等的設定。

　　□ 如何與客人打招呼及問候（標準用語）。

　　□ 如何清理餐廳的環境。

❑如何整理倉庫及補退貨的程序。

❑如何補充餐廳的各項用品。

❑基礎餐廳英、日語會話。

❑其他。

3.始業訓練作業流程（如圖5-1）。

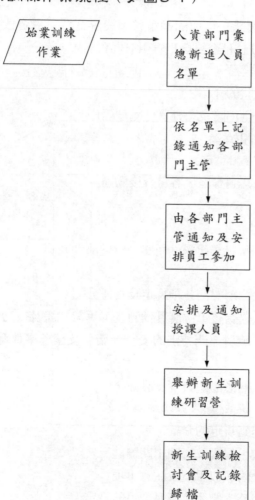

始業訓練作業 → 人資部門彙總新進人員名單

依名單上記錄通知各部門主管

由各部門主管通知及安排員工參加

安排及通知授課人員

舉辦新生訓練研習營

新生訓練檢討會及記錄歸檔

圖5-1　始業訓練作業流程

㈡在職訓練(On-the-Job Training即為OJT)

1.語文訓練

　　為提升餐旅從業人員的外語能力，以期與客人有更好的互動及溝通。以英、日語會話為主。一般規劃則視公司的整體訓練及財務狀況而定，如以下：

　　日語以和外部日語補習班合作為主，每期開三種班（基礎、中級、進階班），每週授課3個小時，每期以8週為主。

　　英語課班有：基礎餐飲英文班、領班餐飲英文班、前檯英文班、前檯進階英文班、房務部英文班等（視公司需要而開班）。

(1)語文訓練作業流程（如圖5-2）。

(2)語文課程訓練管理辦法範例

　　❑ 訓練目的：提高員工語文能力、服務水準及工作效率。

　　❑ 訓練方式：原則上由訓練部門配合外部訓練講師或補習班並視訓練教室可行時間，依員工工作上實際需要開辦各類語言訓練課程。

　　❑ 上課規章：

　　➡ 上課時不遲到、早退，不可無故缺席，每節課均須點名及簽到並做成「出勤記錄表」送各有關單位主管參考。

　　➡ 上課請假規定如下：

　　　公假：員工因公忙無法上課時，應事先知會訓練部，事後並憑部門主管簽核過的請假單銷假。若未事先請假則以事假論之。

　　　病假：員工因生病無法上課時，應憑公司病假單向訓練部請假；若無該天請假單時則以事假論之。

　　　事假：員工若因私人事務或排休無法上課時，則依公司規定每次扣薪NT$100。

　　　缺席：員工若無事先請假事後又未補請假時，視同缺席。缺席每次扣薪NT$500。

　　　　備註：1.公假必須經由部門主管填寫請假單簽名後交訓練部。

　　　　　　　2.扣薪之金額由員工當月份月薪中扣除。

　　　　　　　3.扣薪總金額則於課程結束後，平均分發給全勤員工做為獎勵。

❏ 每期課程結束時，將按各項出勤記錄及學業表現錄取成績優異前三名，頒發獎學金：

第一名：NT$1,500

第二名：NT$1,000

第三名：NT$ 500

❏ 以上記錄將列入員工考核記錄並作為日後升遷的重要參考，以資獎勵。

2.一般性訓練

⑴配合餐旅業的經營理念，訓練員工觀念性的建立，以達成公司既定的目標。舉辦的項目可參考如下：

❏ 禮儀。

❏ 交談技巧。

❏ 美姿美儀。

❏ 消防訓練。

❏ 顧客心理學。

❏ 銷售技巧。

❏ 公司企業文化。

❏ 如何處理顧客抱怨。

❏ 人際關係。

❏ 自我發展訓練。

❏ 體態手勢訓練。

❏ 新作業程序及技術訓練。

舉辦的方式以演講（外聘知名講師）、實際操作、角色扮演等。

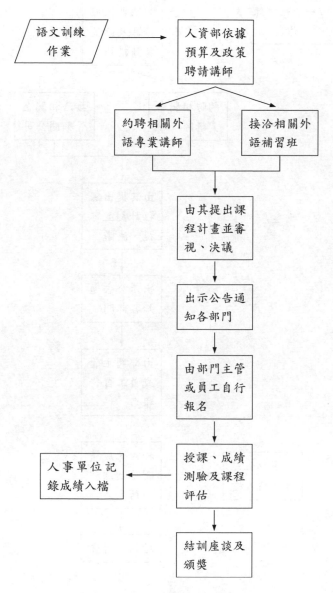

圖5-2　語文訓練作業流程

⑵一般性訓練作業流程（如圖5-3）。

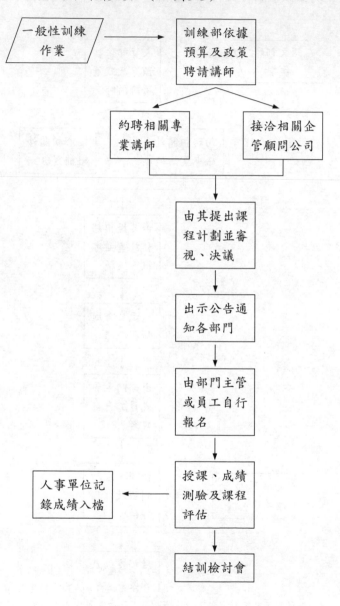

圖5-3 一般性訓練作業流程

3.**專業訓練**

(1)目地：訓練在職人員熟悉工作技術、專業知識，以維持一貫服務水準及品質，進而增進工作效率。

(2)訓練方式：

❑ 採用培養各部門訓練員，於每年年底前由部門主管與總經理核對訓練員的人數與訓練的資格。專業訓練的課程可分為：

(以餐飲服務員為例)

➠ 各項餐飲服務處理程序（開店準備、迎客、送餐服務等）。

➠ 各種餐桌擺設作業。

➠ 各項清潔用品的認識及使用技巧。

➠ 各種餐飲工具的使用與保養。

➠ 各種飲料作業。

➠ 各種酒類的認識。

➠ 宴會作業。

➠ 其他。

(以房務領班為例)

➠ 查房作業。

➠ 各項房客突發狀況的處理。

➠ 簡報技巧。

➠ Part-time員工的運用與管理。

➠ 各部門協調溝通作業實務。

➠ 客房成本分析。

➠ 節約能源與緊急狀況處理。

➠ 各項客房促銷的認識。

➠ 客房用品採購流程的認識。

➠ 各項人力的安排（排班表的技巧）。

➠ 工作安全。

➠ 認識各種客房財務報表。

➠ 其他。

❑ 訓練員責任與權益範例如（表5-2）所示。

❑ 每年的三、六、九、十二月為訓練員考核的月份。

❑ 每個月召開一次訓練員會議，由訓練主管主持，總經理列
席，檢討當月份的訓練。

表5-2　訓練員責任與權益說明

一、辦法目的：為增進工作人員的專業知識與技術，從而提高工作效率與生產力，遴選
　　　各作業單位適當人員擔任訓練員。

二、訓練員應具備的條件：
　1.為單位資深的員工。
　2.具備訓練員應有的特質：
　　(1)有比別人更強的毅力及熱誠。　　(2)擅於溝通的能力。
　　(3)吸收和應用新知的能力。　　　　(4)有自信心。
　3.人際關係良好。
　4.組織能力強。
　5.具有專業的工作技術與知識。
　6.具備職責的知識：
　　(1)有關責任與權責的知識，本身職務上應瞭解公司的政策、規章及組織等。
　　(2)具備教導的技能。
　7.具備改善的技能：對工作的細節內容加以研究、分析、簡化，建立更好的工作技
　　能。

三、訓練員的遴選程序：
　1.由部門主管遴選適當人選。
　2.由教育訓練委員會篩選。
　3.遴選人員需參加訓練部「訓練訓練員」課程，考試及格者，提報總經理批准生效。

四、訓練員的職責：
　1.教導新進人員熟悉工作、環境，採一對一教學，故新進人員的排班必須與訓練員的
　　班別一致。
　2.製作新進人員職前訓練表、新進人員訓練檢視表。
　3.若發現新進人員無法勝任該職時，須及早向部門主管反應，以免造成公司的損失。
　4.當新舊員工在技能、知識的表現，出現與要求標準有差距時，針對需求安排教導。
　5.另受教育訓練中心安排擔任講師。

五、訓練員的福利與考核：
　1.可參加教育訓練中心所舉辦的相關訓練課程。
　2.配戴訓練員識別徽章。
　3.訓練員的訓練津貼。（依照各公司的預算來設定）
　4.考核的標準：
　　(1)教導新進人員熟悉環境、工作。
　　(2)於新進人員報到後，由部門主管指派訓練員，並填妥以下資料交訓練部以便考
　　　核：
　　　❑新進人員部門職前訓練表
　　　❑新進人員訓練檢視表
　　　註：如於新進人員試用期滿測試才將上述資料送至訓練部，而無法做正確考核，
　　　　　恕不核發訓練津貼。
　　(3)單位主管與訓練中心需負起監督的責任，若發現訓練員違反訓練的職責時，則需
　　　及時更換訓練員，以保障被訓練人員的權益。

(3)專業訓練作業流程（如圖5-4）。

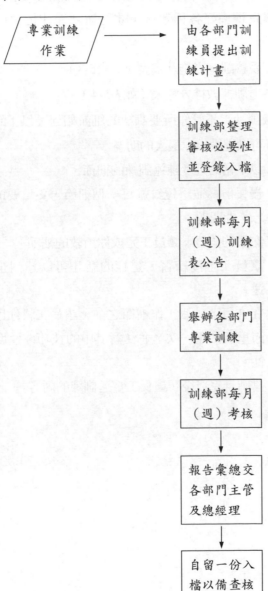

圖5-4　專業訓練作業流程

(4)訓練訓練員實例：在職訓練員要善用各種教導的技巧及表格等，並要事先準備好各種教材，才有辦法完成忙碌的訓練工作。

❑ 事先準備妥善訓練實施計畫表（如表5-3）。

❑ 準備好各項訓練教材分解表（如表5-4）。

❑ 如何組織訓練：不管你所要訓練的細節如何，以下的基礎訓練步驟將可以提供給你最大的助益。

步驟一：以平常的進度陳述訓練的細節。

步驟二：慢慢解釋並重覆敘述每一個細節，更重要的是不要忘了問問題。

步驟三：在你的監督下讓員工完成你所教的細節。

步驟四：讓員工重覆練習，這樣的話才可以達到正確又迅速。

步驟五：在進行下一個工作細節之前，讓員工將你所教的細節重新做過一次，並注意其中的技巧、速度與正確性。

步驟六：當訓練完成後，讓員工重述訓練的內容。

表5-3 訓練課程實施計畫表

課程名稱：_____	課程需要器材：
受訓員：_____	（受訓單位提供）
日期：_____	1.
受訓地點：_____	2.
受訓成員：_____	3.
受訓時間：（天、小時／起訖時間）_____	4.
課程目標：_____	5.
_____	6.
_____	（自己需準備）
_____	1.
_____	2.
_____	3.
_____	4.
_____	5.
_____	6.

時　　間	課程步驟	活　　動	備註（需要器材等）

表5-4　訓練教材分解表

訓練主題：地毯清潔
所需教材：吸塵器、牙刷、清潔劑、剪刀

主要步驟	要點說明	理由說明
1.先將地面大件之垃圾清除。	可以用手撿。	避免阻塞或損壞吸塵器。
2.正確使用吸塵器吸塵。	從房內往外。	吸過之處才不至被重複踐踏。
3.輕型的傢俱擺設應先移開再吸。	傢俱下方的垃圾應特別留意。	確實清潔地毯。
4.修剪凸出脫線部分。	不可用拉的去除線頭。	避免繼續掉線。
5.將污處去污。	將清潔劑噴灑於特污的地毯表面，再以牙刷刷洗。	保持地毯全面清潔。
6.若有打翻含糖及顏色的飲料、湯汁時，應立即以廢布吸乾。	必要時，可以用清水稀釋再吸乾。	避免因時間久後不易處理留下污漬。
7.吸地動作要有規律。	避免重複吸同一地點。	吸過的痕跡會較美觀。

其他改進事項或建議：

_____

_____

_____

_____

_____

4.交換訓練(Cross Training)

(1)目的：為加強各部門人員對與工作有關的其他單位技能及專業的了解，特開辦此訓練。

(2)交換訓練的申請

□ 可由員工本人或該單位主管申請。

□ 申請交換訓練必須在公司服務滿六個月以上。（由公司自行規劃）

□ 申請者至訓練部領取申請表格時，訓練部將予以面談，以瞭解其目的及目標。

□ 申請者必須經過其部門主管核准。

　單位主管必須先與申請員工面談，而考慮事項如下：

　➡ 被訓練的職位需要語文程度為何？

　➡ 被訓練的職位需要儀表要求嗎？

　➡ 被訓練的職位有特別的技術與知識需求嗎？

　當申請員工被認為符合上列三個條件時，方可簽字核准。

□ 受訓時間最少40小時。（自行申請者必須利用自己上班之餘的時間）

□ 受訓資料將列為升遷、調職及加薪等的重要參考。

(3)交換訓練作業流程（如圖5-5）。

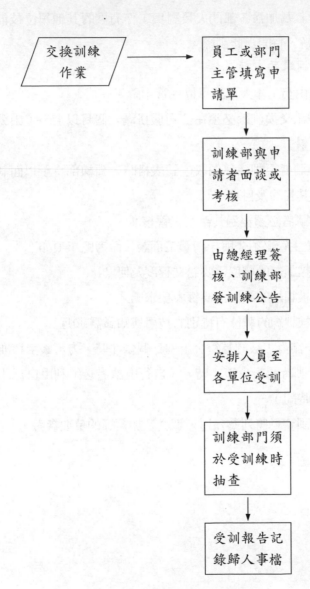

圖5-5　交換訓練作業流程

㈢儲備人員訓練(Management Training)

1. 目的：有計畫的培養具有潛力的優秀人員，使其兼具科學管理正確觀念、專門技術及知識、餐旅作業的實務經驗。並充實人力資源，及時提供專業人力需求，進而健全公司管理體制的網羅人才計畫。

2. 訓練方法

⑴以公司當年度的預算與政策決定招募人數及遴選資格。

⑵以對內或對外的方式招募。

⑶作業程序為

❑ 由人資部初步審核所有候選人資料是否吻合設定的條件。

❑ 由內部考選委員會再次審視候選人資料。

❑ 寄發考試通知單及安排相關考試場地、時間、監考人員等事宜。

❑ 所有複試人員皆須經由總經理面談後決議。

❑ 儲訓人員訓練計畫執行及安排所有相關事宜。

❑ 儲訓人員訓練中的觀察及考核。

❑ 建議儲訓人員適合分發單位供總經理作決議。

❑ 安排人員分發事宜及發布新的人事通知。

3.儲備人員訓練作業流程（如圖5-6）。

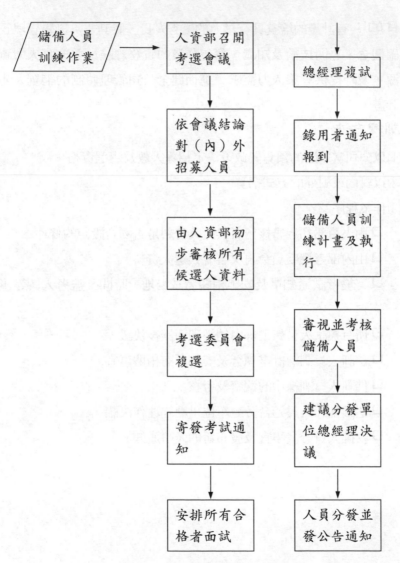

圖5-6　儲備人員訓練作業流程

㈣外部訓練(Outside Training)

1.內容：包括海外研習、海外觀摩考察、國內訓練機構。

2.目地

⑴藉對外的研習、觀摩、考察等訓練，增廣見聞，以激發工作的創意，增進管理效率及功能。

⑵吸收他人長處運用於公司的管理。

⑶配合公司人員才能發展計畫，有計畫的培育內部人才。

⑷提升企業國際聲譽。

⑸促進國際性專業知識的交流。

3.海外研習、海外觀摩考察（含公司選派與自行申請）

⑴訓練內容：參加訓練者，依據其簡章，選定所修的課程。

⑵訓練方法：課堂講解及實習。

⑶訓練時間：公司得視訓練性質，決定公假、半公半私，或完全屬於個人假期（如留職停薪或利用個人年度特別休假等）。

⑷訓練費用：包括旅費（分交通、旅館房租、洗衣、計程車）、電話、電訊、郵資、學費等。乃依訓練性質分別決定公費或自費部分，出國前應提出出國相關計畫及費用申請，於結訓回國後自行前往財務部結帳。

⑸受訓報告：所有接受訓練應在規定時間內繳交訓練報告或心得，先交予部門主管核閱後轉交訓練部主管後，轉呈總經理核閱。

⑹簽約：凡接受公費全費或部分費用者，出國前應簽立合約，合約長短的標準則視其費用的多寡與公司的相關規定而設立。

4.國內受訓機構

⑴訓練內容：所有有關的資料與簡章由訓練部會同有關部門主管，依公司需要推荐人選，呈請總經理核定後派員。

⑵受訓時間：有日間及夜間、公假或私假，端視受訓課程而定，由公司決定。

⑶受訓費用：由公司決定公費或自費。

⑷受訓報告：凡公假或公費者，於受訓結束後應提出受訓報告或心得，送訓練部轉總經理。

伍研習會及研習營(Seminar and Workshop)

1.目地

⑴提升人力素質。

⑵實際與理論並行，得以突破舊觀，開創新觀念。

⑶協助瞭解團體內組織的形成。

⑷協助建立團體內的規範，發展健全的團體功能。

⑸促進訓練的開展與功效。

2.方式

⑴主管及部門研討會(Management Seminar)

❑ 研習內容：以公司政策為依據，訂定最合適的主題。

❑ 研習方法：以角色扮演法、研討法、專題演講等為主。

❑ 研習時間：以每一季或每半年一次為主（月份之選定則視該部門淡、旺季為主）。

❑ 研習地點：以飯店或公司內部為主，若預算充裕時，則可考慮近郊的研習場地。

⑵一般員工研討會(Staff Workshop)

為人資部年度最大的活動，由訓練部主辦，人事部協辦。

❑ 研習內容：以公司每年度的政策為依據，訂定最適合研討的主題。

❑ 研習時間：基本上以公司的淡季為主。

❑ 研習方法：「寓教於樂」將主題藉著遊戲與研習方法，傳遞給每一位員工。

❑ 研習地點：可參考公司員工意見，選定幾個較合適之場地讓總經理決定。（建議：選擇與探勘場地時，可以讓福利委員會之委員加入意見，以達增廣民意之目的）

❑ 研習費用：視當年度公司營運狀況，在編制預算時即編入。

專欄 5-2

大型活動提案書的寫法

　　一般公司行號在規劃訓練時，大型的活動往往因受限於人資部人力不足，而交付給顧問公司或活動籌辦單位整合作業，但如果可以親自規劃或主辦時，對於主辦活動相關經驗的累積是很難從旁觀察即可學習的，茲就個人主辦多年大型員工訓練活動的經驗來分享及說明如下：

一、主旨：針對公司未來發展的研討，此次活動最重要的目的為（內容的設立可隨公司的需要加以變化）：

　　公司2003年發展方向研討：如何以「公司的經營理念」為發展基礎，落實客戶滿意度。

　1.主動積極的服務。

　2.專業水準的提升。

　3.凡事想在客人之前。

　4.客戶抱怨處理的標準化。

二、受訓／參加活動的對象：公司的所有員工，並分四～五個梯次進行。

三、研討方法與內容：內容設計以兩天一夜的公司外部研討，並用較輕鬆的方式將公司未來發展方向導入，其具體規劃內容如下表所示。

四、預算（依據活動的內容來規劃）。

五、工作分配。

1.人力資源部

(1)課程安排。

(2)講義製作。

(3)教師安排。

(4)餐飲、住宿、課程、交通、保險等的安排。

(5)各梯次名冊製作。

(6)活動總安排及聯繫。

(7)海報、布條、行程表等製作。

(8)拍照或攝影。

(9)負責員工活動部分（如戶外活動、競賽類、晨間活動等）。

2.各部門支援工作人員（每梯次以二人計）

(1)人員編組集合。

(2)支援團體活動。

(3)支援餐飲、住宿、課程等之相關事宜。

(4)其它活動總策劃所指示的事宜。

3.領隊（以每一車為一小隊）

(1)負責上、下車，上課、活動時的點名及人員的管理。

(2)負責傳遞公司訊息與活動時的領隊及居中協調的角色，遇有任何狀況，須與工作人員聯絡。

(3)各項活動的整隊及帶領。

活動內容規劃範例

活動名稱	理念的宣導（落實客戶滿意度）	負責人	總經理、人資經理
器材明細：	開會用器材、研討資料、白紙、鉛筆等		
時　間	第一天　10:30-12:30	場　地	飯店會議中心

內容：

1. 由總經理講述公司2003年年度目標（約三十分鐘：10:30～11:00）、
Coffee break（11:00～11:15）
2. 如何以「公司理念」為發展基礎，落實客戶滿意度。
   (1)主動積極的服務
   (2)專業水準的提升
   (3)凡事想在客人之前
   (4)客戶抱怨處理的標準化
3. 每組討論約十五分鐘。（11:15～11:30）
4. 每組推派一名代表並報告討論成果。（每組十分：11:30～12:15）
5. 由工作人員收回記錄，以提供晚上「圓桌會議」時再深入討論可執
行方案及選定優秀組別，並於第二天頒獎，優等組可得創意獎金
NT$2,000。（評分標準為內容30%、可執行性40%、小組參與程
度30%）
6. 總經理講評。（12:15～12:30）

活動行程表範例	
（第一天）	（第二天）
07:30 集合出發（集合）	07:30 起床號（起床、晨間活動）
07:45 打成一片（認識同事）	08:00 好的開始（飯店內用餐）
09:30 抵達目的地	10:00 辦理退房
09:45 活動行程內容介紹	10:30 頭家熱線（員工問卷調查）
10:00 董事長致詞	11:30 叮嚀時間（總結、頒獎）
10:30 理念的宣導（總經理）	12:30 當地美食饗宴
11:00 小歇（休息享用茶點）	（飯店外用餐）
11:15 分組研討、主席總結	13:30 在地之旅（當地風景名勝觀
12:30 午餐（飯店內用餐）	光及名產採購）
14:00 休息是為走更長的路	18:00 回到溫暖的家
（休息）	
15:00 圓桌會議（主管研討會議）	
18:30 饑腸轆轆（享用精緻晚餐）	
20:00 愛秀時間（員工晚會）	
22:00 明天會更好	
（工作人員檢討會）	
22:30 夢周公（祝您有一個美夢）	

伍其它(Other)

1.溝通會議

(1)目地

❑ 促進部門間意見交流，藉由會議傳達正確的指令及消息。

❑ 增進部門間的關係。

❑ 解決部門內的問題。

(2)程序：由公司決策單位決議每季或每月定期召開，由人資部安

排相關場地、時間、與會人員等事宜。

2.**學生或機關團體參觀訪問**

(1)目地

☐ 協助政府及有關的學校、機關團體，提供參觀機會，以便更進一步瞭解餐旅業經營、組織及相關作業。

☐ 提升本公司聲譽。

(2)方法

☐ 參觀訪問辦法（參考表5-5）。

☐ 接受團體之次數，以人資部與各單位作業忙碌情況為參考，基本上以一個月一次為限（可自行規劃）。

3.**學生實習訓練**

(1)目地：可提升公司聲譽，加強與相關學校及機關互動關係，並能開拓及運用多方面的人力資源市場。

(2)方法

☐ 與各學校及職訓機關合作，利用平日或寒暑假期間提供餐旅科系學生實習的機會，以配合學校教育課程及減少學生就業時的衝擊。

☐ 本公司實習分類共計有：（可依公司人力的需求自行規劃）

➡ 建教合作：每一家餐廳或旅館應視公司實際的需求，與機關或學校簽定合作的約定，其簽約內容範例如表5-6。（其規範內容及相關福利制度應與公司正職人員的差異不可太大，以避免引起學生的不滿）

➡ 寒暑假實習生：視當年度的實際預算來招收實習生，原則上以觀光、餐旅科為主，各類的分配不要太過集中在同一家，以維繫與相關單位良好的互動關係。

表5-5　學生參觀訪問辦法範例

一、主旨：為配合本公司的營業情形，維持最佳的水準，兼能提
供一完善之參觀訪問活動。

二、實施辦法

1.訪問對象：各職校以上主修觀光、餐旅科系的學生團體或各有
關教育機關學術研究團體。

2.訪問人數：每次以二十至四十人為限。

3.訪問時間：須於預定訪問日期兩週前，以正式學校或機關公函
通知本公司，以便安排確定日期。

以下午三時至五時的空班時間為原則。任何個人的申請概不受
理。（若與公司業務有關，應請其直接與業務部門聯繫）

4.協調聯絡：由本公司訓練部負責安排簡報及協調參觀活動等聯
絡事項。

三、一般要點

1.學生團體務請穿著學校制服，其它教育機關團體，請著整潔之
服裝儀容。

2.學術團體請指定一人領隊，學生團體請老師領隊，負責維持秩
序。

3.訪問參觀時，由本公司派員引導進行，並請保持寧靜，遵守本
公司相關規定。

4.訪問團體若為專題研究小組：請其於參觀訪問後，將研究心得
交本公司一份，作為日後檢討改進的參考。

表5-6　建教合約書內容範例

台北市（縣）＿＿＿＿＿學校（以下簡稱甲方），茲承＿＿＿＿＿公司（以下簡稱乙方）之協助，雙方願合作培育觀光餐旅人才，提供學生校外實習。

茲經甲、乙雙方協議同意依照下列各項辦理：

一、甲、乙雙方組成建教合作小組，其任務如下

　1.負責督導學生實習與生活管理。

　2.學校教學與企業訓練配合的溝通協調。

　3.其他有關建教合作實習協調等事項。

二、甲方的職責

　1.每學期甲方選派實習生名額約＿＿＿＿名，並協助乙方遴選分發實習學生。

　2.每學期建教合作開始，提供完整各月份實習生平均分派名單。

　3.甲方負責約束其選派之實習學生，確實遵守乙方所安排之實習單位工作及作息規定。

　4.甲方選派實習生實習時間為每日＿＿＿＿小時，實習期限必須連續＿＿＿＿小時實習，中途不得間斷。

三、乙方之職責

　1.實習期間，乙方負責實習學生的督導管理與考核。

　2.實習期間，乙方負責實習學生的勞、健保投保，並給與實習費每月（日）新臺幣＿＿＿＿元整。

　3.實習期間，乙方給予實習學生每月＿＿＿＿天休假（採輪休制），並免費供應實習制服與＿＿＿＿餐膳食。

四、本合約如有未盡事宜或變更事項，由雙方協調修定之。

五、本合約自雙方簽約日起實施。

第三節　成人學習特徵及企業學園現狀分析

　　一個國家的強盛與其教育的成功與否有著絕對的關係，而一家餐廳或旅館的服務好壞則端看訓練是否完整與成功。主事人資部門者須先了解「教育」與「訓練」的差異，才不致於錯置所有的規劃方向。以下試比較其兩者之間的差異：

一、教育與訓練的區別

	教育	訓練
目標	長期化腹（理想化）	短期化（具體化）
影響	潛移默化	即學即用（配合訓練需求）
效果	短期內無法掌握	效果較明確
內容	學術性教學	工作技能的應用

二、人類學習的過程與成人學習的特色

㈠利用及透過人類五種感官學習

1.理論及知識性的課程

　　一般而言，這種類型的課程多數使用授課型，學習者僅使用聽覺及視覺，其學習效果最多可至75%。

2.技能性的課程

　　此類的課程多數除使用聽覺及視覺外，必須利用觸覺的操作及

味覺或嗅覺的學習（如菜餚的製作及飲料的調製等），學習效果因使用人類多重感官故印象深刻，效果有時可高達90%。

㈡成人學習的特色

成人與兒童的學習具有極大的差異，所以在規劃各項訓練課程時，要考慮到被訓練的人為「成人」非「學生」，所以應要掌握其學習的特色，才能達到最好的學習效果。成人學習通常有以下幾點特色：

1.成人具有較多的學識與經驗

授課人員須使用較成熟的措詞及運用其學識經驗相關的用詞，以引發學習者的興趣及認可。在學習的過程中，學員豐富的經驗應被尊重，以避免引起不滿的情緒。

2.成人不喜歡教條式的訓練

成人具有成熟的個性及自我管理的能力，在學習的過程當中，應多利用自我導向的學習方法，如角色扮演、問題解決及團體討論等可雙向溝通的學習方式，來取代傳統的教條式講授。

3.成人只對他們利害有關的學習感興趣

公司的訓練須結合各種制度，讓員工明白此類學習關係到他們自身的權益，那麼學習的誘因必可激發潛力及欲望，加速其學習的效果。

4.成人希望他們的時間花得有代價

成人因須工作、照顧家庭等因素，無法如學生時代全天候的學習，故所有訓練的規劃須講求效益。成人無法忍受將時間花在無意義的學習上，故所有訓練的目標都必須明確且有立即性的成效。

5.成人渴望參與整個學習過程

在成人學習的過程中，授課人員應扮演的角色是協助者，而非支配者。讓與會的人員參與整體的學習及從中得到應有的體會及經驗，是成人學習最重要的任務。

6.成人排斥改變對既有的態度與工作方法

對於會造成工作極大困擾的方法及態度時，不應放置於訓練目標上，因為此會造成極大的反彈，而導致學習效果不彰。此類的改變應先改變制度或在其被說服後再規劃，較容易有良好的結果。

 專欄 5-3

各種常用訓練方法優缺點的分析

1.演講(Lectures)

分析：最沒有效的訓練方式，由一個人不停的講授及談論。
（可能的話，應使用講義、視聽教材作為輔助）

優點：省時，主題較容易控制、符合經濟效益、班別大小較有彈性。

缺點：單向溝通、單調乏味、注意力較易分散、缺乏回應。

2.示範(Demostration)

分析：應用在基本訓練上非常有效。訓練員向員工示範某個工作的程序，亦可以要求員工依所示範的動作或方法做一次，以確定其學習狀況。

優點：有身歷其境的真實感，注意力較易集中、步驟可以分解（也較有彈性）。

缺點：只適合小班制，員工必須花時間準備計畫，示範者必須負起訓練成敗的風險。

3.討論(Discussion)

分析：適用於經驗充足的員工，可以混合運用數種團體訓練方法（如演講、討論、會議等）以得到員工最大的參與。

優點：可以涵蓋到每一位員工、可以分享他人的經驗，具有各種不同的觀點。

缺點：太多不同觀點討論時十分費時，且需要有一個經驗豐富的主持人，另須耗費許多時間事先計畫與準備。

4.個案討論(Case Study)

分析：適用於「情境」分析教導，員工針對某一真實或想像情境的描述，對其人包含的訊息加以分析、了解，進而從中學習。

優點：讓員工有參與感，可以激發其對假設狀況的思考與應採取的行動及各種解決方式的演練。

缺點：個案若設計不好易造成虛假的情境，討論時十分費時；資料來源不易尋找，必須要有相關經驗十分豐富者才容易發揮。另對個案解決方法的正確性不易有絕對的答案，可能會造成員工的混淆。

5.角色扮演(Role Play)

分析：適合運用於與顧客有互動關係的訓練，員工可在某種特定情境下扮演某種角色，因而有機會嘗試在此情境下的不同處理方法。

優點：有參與感、增加自信心、生動活潑、刺激面較廣。

缺點：有虛假的感覺、費時，有些員工對於上台演練會感到十分不安。訓練者必須具備相當的技巧、原創力、才能協助受訓員從情境中學習。

6.遊戲(Game)

分析：高度激勵員工學習的方法，對於態度改變尤其有效。

優點：有趣、十分刺激，能夠使受訓員不易忘記。

缺點：員工不容易發現遊戲的意義，而且訓練必須小心控制時間。

7.電腦輔助教學(Computer-Assisted Instruction, CAI)

分析：利用電腦設定的學習內容，並可立即得到想要學習的內容及隨時控制自己的進度。

優點：一人一機學習時間不受限制且學習內容很容易評估。

缺點：比較適合小團體的學習，且適合餐旅業的內容取得頗困難，若另自行設計，曠日費時不合乎經濟效益。

三、企業學園現狀分析

㈠訓練的發展與新趨勢

　　企業學園在國外發展已久，在國內大型企業也紛紛設立，茲就各時期的目標、方法與技巧、實施系統、訓練功能及外部誘因等列出其重點。

各風潮與其追求目標	重要訓練方法與技巧	重要訓練實施系統	企業內部訓練功能	企業外部系統或誘因
50s～70s **工作技能訓練** —工作技能 —專業知識	．工業服務訓練 ．技能分析訓練 ．編序教學	．職內訓練 ．技能訓練講習會 ．自我學習 ．視聽模組	．訓練為企業重要功能 ．領班或技術專家為講師	．職業訓練 ．基礎訓練系統 ．生產力顧問
60s～80s **管理監督訓練** —態度 —個人工作技巧 —人際關係技巧 —人格特質	．敏感性訓練 ．參與式訓練 ．交替式分析 ．格式管理理論 ．個案研討教材	．無領隊團體 ．輔導式教學 ．儀器練習 ．個案研討教材與視聽影	．訓練為附屬功能 ．管理者、設計者與講師的專業訓練	．管理學派與顧問的成長
70s～90s **組織發展與績效科技** —組織氣候 —團隊合作 —績效 —領導統御	．團隊建構 ．角色扮演 ．模擬／遊戲 ．品管圈 ．自我發展	．結構式團隊 ．影片示範／回饋 ．互動式影音教學 ．自我導向學習系統 ．電腦輔助教學	．訓練為主要或附屬的功能 ．多方位組織發展和顧問小組	．組織發展顧問的成長 ．政府提供誘因
80s～2000 **資訊、知識、智慧** —新科技應用 —接受變革 —以學習協助學習 —成本／效益觀念 —成本／效率觀念	．模式操探 ．資訊網路 ．知識庫搜尋與建構 ．自治團體學習	．專家系統 ．地區資訊網路 ．資訊工程 ．隔空互動式學習	．訓練將不限於組織任何階層 ．訓練的規劃將是高階管理者的分析工具	．資訊掮客的成長 ．政府將推動資訊網路

資料來源：訓練各個風潮目標、重點、理論與實務的演變，簡建忠，民84《人力資源發展》P.42。

㈡企業大學的形成與發展

　　過去傳統的訓練都是由企業內部設置人力資源部或教育訓練中心來負責，近十幾年來，美國企業紛紛成立「企業內部大學」，並以此新興制度，作更專業的人才開發工作，而其中觀光餐旅業又以迪士尼大學、麥當勞漢堡大學最為著名。而近年來國內少數大型企業也興起成立企業內部大學風潮，除了提供公司內部訓練外，有的則因成效卓越進而提供對外服務，替公司開拓新的外部財源，如聲寶企業大學、遠紡、大成長城、臺灣大哥大、和信……等。

1.企業大學成立的理念

　　從國內外企業內部大學相關文獻來看，企業內部大學成立的理念莫不與「品質」、「競爭力」、「終生學習」等三個理念息息相關，為使全體員工都能深刻瞭解公司的願景，並經由教育訓練的安排，提升員工工作知識與技能，落實企業內終生學習，最後達到強化企業競爭力的終極目標。

2.企業大學的目的

(1)提升訓練的層級

　　不管由人資部或訓練中心所主導的訓練，很難有其持續性及連貫性，如果可以將其轉化為整體企業大學的管理與經營，必可較易達成企業的目標。

(2)解決中、長期人力招募的困難

　　自行規劃的企業大學可培育企業所需的人才，不須向外徵募以解決中、長期適當人力招募的困難。

(3)為避免企業優秀人才因進修而離職

　　員工因進修而退出職場的人數一向不少，若可提供員工一邊工作一邊即可進修或拿學位的話，必可解決不少菁英份子離職的案例。

⑷落實員工生涯發展

　　員工對於本身的職涯規劃，往往影響到留任的意願，若可提前規劃或以企業的發展為藍圖，替每一位員工在企業大學中規劃課程，才可真正落實員工的生涯發展。

3.企業大學設定的特質

　　張火燦教授(1987)指出企業內部大學具有五項特質：

⑴大部分為私人創辦和非營利性質、且具有獨立自主權。

⑵學位的授與從專科至博士程度皆有。

⑶設立的審核相當嚴謹。

⑷組織體系與傳統大學院校相類似。

⑸企業內部大學重視績效、教職員和課程的評量與改進。

㈢餐旅業企業學園現狀介紹

麥當勞漢堡大學的實例

　　全球性的企業麥當勞成立於1955年，為求企業全球化與品質的訓練及落實，於1961年在伊利諾州成立了漢堡大學。

　　漢堡大學的課程規劃理念及內容如下：

⑴在進入漢堡大學之前，學員們須先完成三項管理發展訓練，一項基本營業課程、一項中級業務課程及另一項應用設備講習，這些是漢堡大學入學前的必修課程。

⑵進階經營課程：包括灌輸對麥當勞的榮譽感。講習會則注重麥當勞的歷史，以及麥當勞對於促進QSC（品質、服務、清潔）的努力。授課內容會提到證明麥當勞非凡成就的統計數字及創辦人的理念。

⑶管理課程：包括僱用和訓練員工、委託授權、大樓出售、人事管理以及維持良好的社區關係等。

⑷美國麥當勞狀況：每年約有三千五百位來自世界各地的學生，

參加漢堡大學的課程，其中大部分參加進階經營課程，完成訓練的學員可獲得一張「漢堡大學」學位的文憑，其中有十八科四十學分美國教育委員會認定可被其他正規大學承認。課程總共二週而且非常嚴格。全部課程大約有一半的時間是實習課，而另一半的時間是在課堂上，學習關於經營和人事管理的課程。學員在實習課，學習確保麥當勞食物品質統一，和維持店內工作秩序的方法。「品味」實習強化學員對麥當勞食物品質標準的概念，學員們一直被強調，只能提供符合麥當勞標準的食物。

(5)香港麥當勞狀況：麥當勞的訓練課程，在香港可扣抵香港理工大學的『酒店管理系』十五個理論及三十個實習的學習認證，可見麥當勞的教育訓練課程有一定的教育水準。

(6)臺灣麥當勞狀況：為了鼓勵麥當勞員工參與中山大學的課程，臺灣麥當勞特別擬定了內部員工激勵計畫，開放給麥當勞南區經理級以上員工共二十個名額參與課程，只要四堂課均出席的麥當勞員工，提交心得報告前三名依次將可獲得一萬元、八千元、五千元的獎金，藉以鼓勵內部員工在職進修風氣。

　　漢堡大學除教學外，還編寫出版經營管理教材，教導餐飲業者如何有效經營，此外，更製作教學錄影帶，分發各麥當勞連鎖店，做為員工在職教育教材。

專欄 5-4

餐旅業常用訓練內容規劃範例

分類	課程名稱	時數	課程內容介紹
一般課程	正確的服務理念	二小時	協助全體員工建立正確的服務理念。
	人際關係	二小時	增加員工對人際關係的敏感度藉以提升服務品質。
	電話禮儀	二小時	指導員工如何處理電話接聽及應注意之禮節。
	一般禮儀	二小時	教導員工如何善用客人姓名並注意一般性的禮儀。
	西餐禮儀	二小時	探討一般使用西餐時所應有的禮儀。
	事務禮儀	二小時	處理一般事務時所應有的禮儀。
	服裝儀容	二小時	服務業人員的服裝儀容及應注意的細節。
管理課程	領導統御	三小時	指教導主管如何建立正確的領導風格。
	抱怨處理	三小時	藉分析抱怨產生之類別、原因，對症下藥減少抱怨。
	增進溝通	三小時	如何避免溝通的障礙與迷思，使溝通管道暢行無阻。
	激勵員工	三小時	激勵員工發揮潛力並進而促使組織團結。
	培訓技巧	三小時	指導主管提升訓練技巧、減少員工流動率。
	解決問題與衝突	三小時	提升主管協調能力，減少內外部的衝突產生。
	人力安排	三小時	掌握現階段餐旅業人力運用的潮流並運用於工作中。
	時間管理	三小時	探討妨礙時間管理的因素、善用工具達成有效的時間管理。
	分責授權	三小時	如何避免錯誤授權達到權責分明。
	服務品質管理	三小時	協助主管制定標準服務水準及如何管理，以維持服務水準。
	工作檢查表與標準作業程序	三小時	協助主管制定標準作業程序及工作檢查表，以確保對客戶的服務品質。
	成本控制與預算管理	三小時	提升主管成本與預算之概念，為公司有效地控制支出。
	餐旅業未來發展趨勢與行銷策略	三小時	分析未來餐旅業發展的趨勢並藉此發展適當的行銷策略。

分類	課程名稱	時數	課程內容介紹
餐旅專業課程	訓練訓練員	六小時	將公司選派之訓練員視為播種之人,可將公司的訓練、政策、企業文化及未來發展等精神傳播給每一位員工,真正落實訓練。
	餐廳標準作業程序	三小時	輔導公司制定標準作業程序,達到高水準服務的第一步。
	餐飲服務技巧	三小時	提升員工的服務技巧,以保持服務的品質。
	促銷技巧	三小時	增加員工促銷的能力,可為公司帶來更大的財源。
	飲料知識	三小時	教導一般的飲料知識,提升公司的專業水準及形象。
	廚務人員的生涯	三小時	激勵廚師走出廚房,由廚匠變為廚藝大師。
	食品營養與衛生	三小時	指導員工工作相關的食品營養與衛生觀念,藉以保障公司應有的品質。
	如何接受訂房／訂席	二小時	確保客人在訂房／訂席時的滿意程度。
	前檯作業	三小時	前檯標準作業流程解說,使員工熟悉工作並確保服務品質。
	檢查房間的方法	三小時	分析如何檢查房間並確保清潔度以維持五星級旅館的品質。

第四節　訓練評估結合績效作業

一、訓練評估的目的

　　訓練的成功與否、成效如何、員工的滿意程度及訓練的目標是否達成,公司必須要有一套完整評估的機制,其目的為:

1.是否達成訓練的需求及其當初所設定的目標。

2.確認員工之技能、知識及態度等是否在訓練後提升。

3.訓練的紀錄及資料是否完整。

4.年度績效評估的重要參考。

二、訓練成效評估的方法

㈠員工的反應(Trainee Reaction)

評估員工對訓練的反應及滿意程度等。

其內容可為訓練內容、方法、講師、場地等,而其使用的方法最多為問卷調查表(參考表5-7),另亦可使用員工面談或舉辦討論會及座談會等。

㈡受訓者的學習成效(Learning Feedback)

最主要為測量受訓者學習此課程後對知識、技能、理念或態度等的反應及吸收程度等。

主要使用於餐旅業界的評估方法,有學習前及學習後程度或表現的比較、技能或學科的測驗、心理測驗或面談等。

㈢員工行為的改變(Behavior Change)

此項評估的目的最主要是希望瞭解受訓者學習此課程後,工作行為模式是否改善。

最普遍使用於餐旅業界的評估方法為工作績效考核及評估、顧客的反應或是同部門人員的意見等。

表5-7　訓練課程問卷調查表範例

日期：＿＿＿＿＿＿＿＿＿　　　人數：＿＿＿＿＿＿＿＿＿
課程名稱：＿＿＿＿＿＿＿＿　　訓練員或講師：＿＿＿＿＿＿
請寫下您對課程寶貴的意見，以協助我們評估此訓練，謝謝合作！
1.課程內容是否符合您個人的學習期望？
　　□非常多　　□普通　　□非常少　　□其他（請列出）
2.您對此課程的評價（請圈選適當的回答）

　　非常多　　　　　　　　　　　　　　　　非常差
　　|　　|　　|　　|　　|　　|　　|　　|　　|　　|　　|
　　10　9　8　7　6　5　4　3　2　1　0
3.您對以下項目的評價（請圈選適當的回答）
　　視聽媒體的使用　　　　5　　　4　　　3　　　2　　　1
　　訓練教材　　　　　　　5　　　4　　　3　　　2　　　1
　　訓練設備　　　　　　　5　　　4　　　3　　　2　　　1
　　　　　　　　　　　非常好　　　　好　　　　　很差
4.哪些部分最有用？（請說明）
　　＿＿＿＿＿＿＿＿＿＿＿＿＿＿＿＿＿＿＿＿＿＿＿＿＿＿
　　＿＿＿＿＿＿＿＿＿＿＿＿＿＿＿＿＿＿＿＿＿＿＿＿＿＿
5.哪些部分對您的幫助最少？（請敘述原因）
　　＿＿＿＿＿＿＿＿＿＿＿＿＿＿＿＿＿＿＿＿＿＿＿＿＿＿
　　＿＿＿＿＿＿＿＿＿＿＿＿＿＿＿＿＿＿＿＿＿＿＿＿＿＿
6.您將如何運用所學於實際工作上？
　　＿＿＿＿＿＿＿＿＿＿＿＿＿＿＿＿＿＿＿＿＿＿＿＿＿＿
　　＿＿＿＿＿＿＿＿＿＿＿＿＿＿＿＿＿＿＿＿＿＿＿＿＿＿
7.您對訓練員（講師）的建議？
　　＿＿＿＿＿＿＿＿＿＿＿＿＿＿＿＿＿＿＿＿＿＿＿＿＿＿
　　＿＿＿＿＿＿＿＿＿＿＿＿＿＿＿＿＿＿＿＿＿＿＿＿＿＿
8.其他建議：
　　＿＿＿＿＿＿＿＿＿＿＿＿＿＿＿＿＿＿＿＿＿＿＿＿＿＿
　　＿＿＿＿＿＿＿＿＿＿＿＿＿＿＿＿＿＿＿＿＿＿＿＿＿＿
姓名：（可以不填）＿＿＿＿＿＿＿＿＿＿＿＿＿＿＿＿＿＿＿

㈣組織運作的成效(Organization Result)

　　此項評估的目的最主要是希望瞭解受訓者學習此課程後，其表現
對整體組織具有何種成效，如缺席率是否下降、顧客抱怨是否減少、員
工產量是否增加等。

　　此部分的評估方法最為複雜且困難，因為其中牽涉的因素眾多，

是否真為訓練後的改善，應以持續性的調查及觀察才可得到較明確的答案。

(五)訓練員或講師的評估 (Trainer or Instructor Evluation)

最主要為訓練員或講師的教學品質，作為訓練的績效及講師是否續聘的重要依據。

其內容可為講師的專業程度、教學的品質、處理及回覆問題的技巧、整體教學氣氛的控制等。而評估的方法可分為問卷調查、訓練部門人員觀察、座談會等。

三、訓練評估的時間

(一)受訓中

通常以技能性的教學或訓練最常使用訓練中即進行評估，其主要功能可以促進受訓者學習的意願及加強其學習效果，另也可讓訓練員或講師正確地得知受訓者真正學習的進度及程度。

(二)受訓結束後馬上進行

一般而言，不管是內訓或是外部受訓，最常使用評估的時間為受訓結束後馬上進行，其原因不外乎利用受訓者印象最深刻的時候進行評估，可得較精確的答案及直接的想法。

(三)受訓後一段時間後再進行

多數為追蹤訓練的評估，其可使用以下方法：
1. **考試**：針對所訓練之項目，可使用筆試或技能測試。
2. **觀察**：針對受訓者之學習及工作改善做觀察。
3. **競賽**：多數針對技能性的工作學習或改善，其成效較明顯。

第五節 問題與討論

訓練的最佳工具：各種媒體運用優缺點的分析及座位安排的建議。

一、視聽媒體使用分析

㈠白板架（紙）

應用： 1.記錄受訓者的回應。
　　　 2.總結內容。
　　　 3.強調重點。
　　　 4.適用於少於30人的團體。

優點： 1.易使用。
　　　 2.經濟實惠。
　　　 3.多用途。
　　　 4.可事前預備好。
　　　 5.可隨時記錄討論。

缺點： 1.不容易寫的快且浪費上課的時間。
　　　 2.有時反成教學上的累贅。

㈡白板

應用：同白板架，適用於大約30人的團體。

優點： 1.易使用。
　　　 2.經濟實惠。

3.可隨時（易）改正。

4.可應用各種顏色，塑造不同的效果。

缺點： 1.需特殊麥克筆。

2.易讓人有在學校的感覺。

3.反光板不易閱讀。

4.一旦擦掉就不能保持記錄。

(三)錄影機及VCD/DVD

應用：最適於10～20人的團體。

優點： 1.娛樂性較高。

2.非正式讓人不感壓力。

3.易記且讓學員印象深刻。

缺點： 1.關聯性較高的教學影帶取得困難。

2.與公司有關的資料須自行製作或委外拍攝其相關費用高。

(四)投影機

應用： 1.圖畫或圖表。

2.少量的文字。

3.適用於大團體。

優點： 1.適用於正常燈光時。

2.容易操作及便於攜帶。

3.可事先準備投影片且易於攜帶。

缺點： 1.產生的聲音容易分神。

2.燈泡／機器有時會出問題。

3.需特殊的螢幕／白牆。

4.起碼需要3～4呎的投射距離。

㈤35MM幻燈機

應用：　1.正式訓練的理想工具。

　　　　2.事實和數據的整理。

　　　　3.適用於大、小團體。

優點：　1.引人注意及專業。

　　　　2.幻燈片易於攜帶。

缺點：　1.需要暗房較無彈性，且受訓者在黑暗中不易紀錄重點。

　　　　2.無法在課程進行中改變幻燈片的次序。

　　　　3.不易儲存及分類，須耗費時日整理。

㈥手提電腦

應用：　1.正式訓練的理想專業教學工具。

　　　　2.事實和數據的呈現效果佳。

　　　　3.適用於大、小團體。

優點：　1.引人注意及專業感強。

　　　　2.電腦輕易於攜帶。

　　　　3.資料的更改及儲存非常容易。

　　　　4.支援及應用的軟體非常便利。

缺點：　1.需要相關的三槍投影設備。

　　　　2.資料的建立需要耗費較多的時間。

　　　　3.不是公司每一位訓練員或講師都具備的設備。

二、課堂座位安排分析

㈠分組討論型

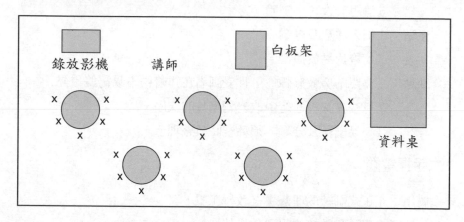

應用：此種型態的座位安排可應用於各種大小型的會議／課程

㈡馬蹄型

THE HORSESHOE

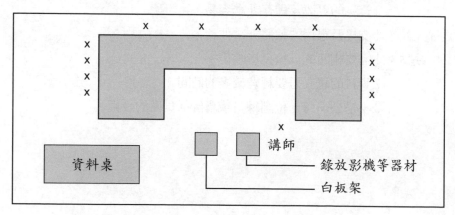

應用：可用於小型會議／課程

(三)圓桌型

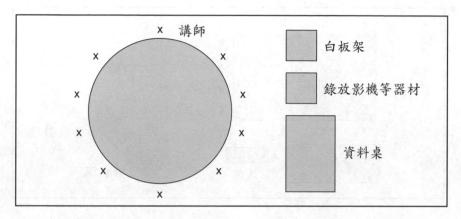

應用：可用於小型會議／課程

(四)扇型

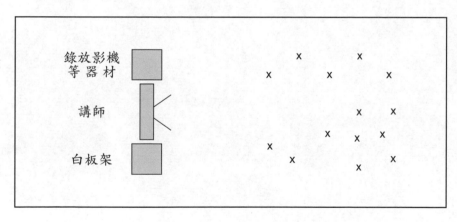

應用：可用於中、小型會議

(五)正方型

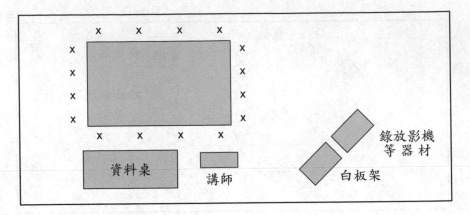

應用：可用於小型會議／課程

第六章

薪資管理作業

□ 學習目標

✎ 餐旅業薪資政策及制度

✎ 各項薪資作業流程

✎ 同業薪資作業調查

✎ 問題與討論

　　餐旅業觀光旅館的薪資管理制度與一般產業並未有多大的不同，它所涵蓋的內容不外乎基本薪資、各項津貼、獎金及其他項目。一家公司行號的薪資管理制度之完整及適宜與否將影響到員工的工作績效、忠誠度及流動率等。

　　對員工與企業而言，一份具有競爭性薪資與照顧員工生活起居的福利，具有其深遠的影響性。在人力資源與財務的管理上，薪資管理作業是非常重要的一環，若無法有效掌控將嚴重影響企業的經營。餐旅業因具有其他產業不同的經營型態，故在薪資內容與相關的管理有其不同的特性，以下分節解釋及說明。

第一節　餐旅業薪資政策及制度

一、餐旅業薪資政策及制度

　　在人力資源管理的理論中，薪資政策應涵蓋薪資結構的設計、薪資水準、薪資管理實務等。故在設定薪資管理政策及制度應注意：

㈠公司策略

1.多角化的經營

　　依據組織管理的理論而言，當公司的經營愈多角化時，將極需要以公司的目標來整合及控制各獨立的事業單位，而薪資政策可用來配合公司的目標並作為在管理上的主要整合與控制的手段。

2.組織生命週期

　　在管理學上公司的生命週期一般而言可分為成長、成熟及衰退等三個週期，而薪資的設定政策依週期不同而有不同的定位。如成

長期如果可以採用較高的薪資水準，必可利於公司徵募較佳的人力資源，亦可增加公司的競爭力而擴充市場的占有率。而當公司接近成熟期時，應採較低的薪資水準以增加公司的獲利率。另當公司已屆臨衰退時，基本的薪資則應採取較高的設定來吸引較有能力的人才，只是長期性的獎勵應採取較低的設計，因為長期的成功在市場上已無明顯的競爭力。

㈡外部競爭市場人力現狀

彈性勞動力的運用

近年來人力市場的結構已由固定的性質，慢慢轉化而成變動性或暫時性的勞動力(contingent workforce)，因為在不景氣的影響下，為求得較高的獲利及降低經營的成本而大量使用此人力。

此部分包含部分工時人員、臨時工作者、顧問公司派任或在家接案者等等，我國政府為因應此人力運用的風潮，在勞動基準法中增訂第三十條之一，說明了「變形工時」的相關管理辦法，另外八十四條之一則為了因應雇主對監督、管理人員或責任制等的專業人員，兼職性或間歇性工作，或其他性質特殊工作者是否給予加班費等問題，提供了相關解決方案的法源依據。

二、餐旅業薪資政策的程序

㈠同業薪資調查

餐旅業的薪資級距的制定，最常使用的為同業間的調查資料，再加上產業本身的特色及公司其他的條件後，加以整理分析而訂定為組織的薪資結構。

㈡擬定薪資政策

1.訂定薪資標準

依據上述各項的標準制定企業薪資級距，其相關數字請參考表6-1。

表6-1　餐廳薪資級距範例

部門	職稱	薪資級距（全薪）	
		上限	下限
總管理處			
	董事長	機密	
	副董事長	機密	
	總經理	機密	
	行政主廚	機密	
	總經理特別助理	NT$35,000	NT$45,000
	研發專員	NT$30,000	NT$40,000
	司機	NT$30,000	NT$40,000
	財務部經理	機密	
	財務部副理	NT$35,000	NT$45,000
	會計組組長	NT$30,000	NT$40,000
	會計	NT$25,000	NT$35,000
	出納	NT$25,000	NT$35,000
	稽核	NT$30,000	NT$45,000
	收帳	NT$25,000	NT$35,000
	資財部經理	機密	
	工務組主任	NT$35,000	NT$45,000
	物料管理組主任	NT$35,000	NT$45,000
	工務組助理	NT$30,000	NT$40,000
	人力資源部經理	機密	
	人力資源部副理	NT$35,000	NT$45,000
	人力資源部助理	NT$30,000	NT$40,000
	業務經理	機密	
	美工企劃	NT$30,000	NT$40,000
	業務助理	NT$30,000	NT$40,000
	資訊部經理	機密	
	工程師	NT$30,000	NT$40,000

部門	職稱	薪資級距（全薪）	
		上限	下限
1.外場部分	副總經理	機密	
	協理	機密	
	經理	機密	
	副理	NT$40,000	NT$55,000
	主任(領班)	NT$35,000	NT$45,000
	組長/點菜員	NT$30,000	NT$40,000
	領檯	NT$30,000	NT$40,000
	出納	NT$30,000	NT$40,000
	行政助理	NT$30,000	NT$40,000
	服務員、傳菜員	NT$18,000	NT$30,000
	停車員	NT$18,000	NT$30,000
	停車管理員	NT$18,000	NT$30,000
	宿舍管理員	NT$18,000	NT$30,000
	合約生	視合約狀況而定	
	工讀生	NT$90/小時	NT$120/小時
2.廚房部分	廚房主廚	機密	
	廚房副主廚	機密	
	廚房組長	NT$55,000	NT$60,000
	廚師	NT$40,000	NT$55,000
	點心廚	NT$40,000	NT$55,000
	冷盤師	NT$40,000	NT$55,000
	蒸籠師	NT$40,000	NT$55,000
	助理廚師	NT$30,000	NT$40,000
	學徒(練習生)	NT$18,000	NT$30,000
3.餐務部分	餐務組長	NT$30,000	NT$40,000
	洗碗員	NT$19,000	NT$30,000
	洗巾員	NT$19,000	NT$30,000
	清潔員	NT$19,000	NT$30,000
4.其他	驗收員	NT$25,000	NT$35,000
	倉庫管理員	NT$25,000	NT$35,000

2.訂定薪資管理辦法

依據上述各項的標準制定企業薪資管理辦法，其相關條文請參考表6-2。

表6-2　薪資管理辦法範例

第一條：【適用範圍】

本辦法適用公司所屬機構的所有員工。

第二條：【目的】

1.將本公司員工薪資待遇予以標準化、公平化、合理化。

2.確立薪資制度，發揮薪資管理功能。

第三條：【薪資政策】

1.本公司依員工資歷、才能、職務、責任及績效表現為薪資給付的重要依據。

2.公司原則上視個人考核及公司營運獲利狀況辦理薪資調整作業，調整時間依實際狀況彈性訂定。

3.個人薪資為機密資料，除部門主管以上人員得了解該所屬員工資料外，任何非部門相關人員不得調閱薪資資料。

4.所有員工不得故意洩露個人薪資資料或探聽他人薪資資料。

第四條：【薪資項目】

1.基本薪資：或稱為底薪。

2.各項津貼：職務津貼、交通津貼、伙食津貼、兩頭班津貼、大夜班津貼、特殊執照津貼等。

3.年節獎金：端午節獎金、中秋節獎金、年終獎金。

4.其它：業績獎金、誤餐費、加班費等。

第五條：【敘薪給付】

1.本公司敘薪作業參照就業市場、人力供需、同業間薪資水準等，另內部員工薪資水準按學經歷專長等因素分別敘薪之。

2.本公司員工薪給以新台幣核算，外調國外分公司工作的員工依各別合約所定而計算。

第六條：【薪資計算】

1.每月以三十天為計算標準，服務未滿一個月或中途離職者依實際工作日（含假日）計算之，但假日在離職日後者則不予計薪。

2.員工請假時（扣薪假），以（底薪+各項津貼/240小時）×請假時數扣減。

3.本公司薪資內容計算明細如下：
　(1)月支人員：本薪＋津貼＋加班費＋獎金等。
　(2)日支人員：日給薪資額×實際出勤日數＋加班費＋其他津貼。
　(3)時支人員：時給薪資額×實際出勤總時數＋加班費＋其他津貼。

第七條：【薪資扣項】
　1.所得稅：依稅法及員工自行填寫扶養親屬表上資料，由公司義務代為扣繳。
　2.勞保／健保費：依勞保／健保條例規定代扣繳員工負擔額。
　3.其他：請假扣薪等。

第八條：【薪資調整程序】
　1.調薪標準：本公司薪資調整標準依照各員工工作績效、職級進階、同業薪資市場調查、政府公告物價指數等因素分別調整。

　2.調薪程序
　(1)新進人員試用期滿調薪
　　❑新進人員新任用時，一律依公司職級薪資表給薪，若有例外者須由部門主管事先提出申請，經人力資源部及總經理核准後始可任用。
　　❑新進人員若表現優異且符合公司（考試）條件者，於試用期滿時，各單位主管須以試用期滿考試通知單或相關的考試證明呈核部門主管簽核後，調整個人薪資。若該員工工作表現不良者應採延長試用期（須事先報備人力資源部）或給予免職處置，以保持公司人力水準。

　(2)績效調整
　　❑公司每年於六／十二月辦理個人工作考績（自行訂定），由主管事先依公司考核辦法提出申請，由人資部審核後經總經理核准後始可調整。
　　❑員工若擔任同一職務時間久，薪資已超過該職務的最高級距，原則上不再作任何調整；除公司整體調整各職級薪資級距，始可調整。各部門主管應與該員工共同規劃生涯發展，以鼓勵員工朝多職能發展，以暢通公司升遷管道。
　　註：若可以將調薪進階考試內容與訓練項目予以結合，可以做到真正落實訓練且可激勵員工並彰顯管理及薪資的公

平性。

(3)調職／升遷

☐員工因調職及升遷時,一律由部門主管事先提出申請,經人力資源部審核各項標準後,呈總經理核准後始可調整。

☐該員工必須符合該職務之各項要求及通過公司相關的考試,或取得相關證照者優先考慮核准。

第九條:【敘薪核准權責】

體系別	職等區分	部門主管	人力資源部	總經理
後勤單位	一般員工	● ◎	※	
	主任級以上	●	※ ◎	
	經理級以上	●	※	◎
營業體系	一般員工	● ◎	※	
	主任級以上	●	※ ◎	
	經理級以上	●	※	◎

●:起草　　　　※:審查　　　　◎:核准

第十條:【薪資發放】

每月×日發放由公司依結算金額匯入員工個人金融機構帳戶中。(遇假日發放作業順延)

第十一條:離職／停薪留職／解僱人員薪資處理:

1.離職／停薪留職／解僱員工應按公司規定程序辦理各項手續。

2.離職手續辦妥後,其薪資按正常作業程序,並依規定發放日期存入員工個人帳戶中或以現金支付,不得以部門零用金提前支付。

3.若未依規定辦妥離職手續,則公司得暫緩發放其薪資,俟其離職手續完全辦妥後始發放令。

第十二條:【實施】

本辦法經人力資源部擬定並經總經理核准,由董事會作最後裁示後實施,修改、廢止時亦同。

專欄 6-1

薪資管理的目標

1. 幫助企業聘僱符合企業文化與價值觀的員工。
2. 提供薪資報酬以增進員工工作績效，特別是要穩定並激勵高績效的員工。
3. 以工作對企業的相對貢獻度為導向，建立各工作間合理的薪資差距，並維持薪資給付的全面均衡。
4. 應使企業薪資系統具有隨市場及企業變動而機動調整的彈性。
5. 應協助企業達成整體人力資源管理的策略目標與企業整體經營目標。
6. 薪資管理的系統應便於解說、了解、作業與控制。

　　以美國惠普(HP)為例，公司在薪資管理的目標上即涵蓋以上敘述的大多數目標，例如幫助惠普吸引具有創意且有工作熱誠的員工；使薪資成為市場領先地位的企業之一；反映員工對各單位、部門和整體公司的相對貢獻度；具透明且易於解說性；確保公平地對待每位員工，使企業具有創造性、競爭性和公平性等。

資料來源：人力資源管理的12堂課，林文政，員工激勵與薪資管理，《天下文化》，2002年。

第二節　各項薪資作業流程

一、薪資核計與發放作業

㈠作業程序

1. 人力資源部每月彙整一般員工考勤資料、人事通知、加班申請單、住宿及私人用餐等扣薪資料，核算員工薪資，並經人力資源部最高主管簽核後，由人事助理輸入電腦，並於每月月底印出相關報表送交財務部門計算薪資。

2. 財務部門依照核准後的「薪資明細表」編訂傳票，由財務主管簽核後，轉送總經理作最後簽核，將傳票及「薪資明細表」交出納依支出作業開立支票並申請相關用印，支票及「薪資明細表」則由出納辦理薪資轉帳。

3. 出納將薪資支票、磁片及「薪資明細表」至公司專用薪資轉帳的金融機構辦理轉帳。

4. 財務部門將員工薪資報表存檔後，印列員工薪資通知單（如表6-3）發給每位員工，但必須交由本人不可由他人代領，以保護薪資的隱密性。

5. 一般部門臨時工資則每月由各部門自行申請，所有臨時工必須有打卡資料，報到時並須附上身份證影本，所有薪資由財務部門發放，禁止由部門零用金中撥用，以避免產生不必要的弊端。

6. 宴會廳計時人員則由宴會部主管統籌事先申請薪資，並於事後將所有相關資料交還財務部門以利核算相關人事費用。

㈡內部管控作業重點

1. 人事通知單上的最新薪資是否有更新。

2. 員工出勤異常如遲到、早退、曠職及漏打卡是否有請部門主管審核並簽名，以避免造成員工的不滿或抱怨。另漏打卡部分應遵照公司出缺勤規定，不可讓部門主管全部簽核，以維持公司出勤制度的嚴格度。

3. 代扣所得稅是否依扣繳標準按月代扣並報繳。

4. 員工勞健保費是否有依員工所得投保金額的等級每月代扣並繳交，另若有調整薪資或投保標準有異動時，是否有依實際數字調整。

5. 各項津貼若有異動時，是否有依公司規定確實填妥人事通知單並經所有相關主管簽核。

6. 加班費的部分應有加班費申請單據，若無時一律不可核發。

7. 各項獎金應依照公司相關管理辦法申請，若無相關簽核後單據一律不可核發。

二、薪資調整作業

㈠作業程序

1. 公司調整薪資的部分可區分為新進人員通過試用期滿調薪、調整職務調薪、績效考核調薪（此部分的相關內容請參考第八章）等。

　⑴新進人員考核調薪

　　❑新進人員新任用時，一律依公司職級薪資表給薪，若有例外者須經由部門主管事先提出申請，經人力資源部及總經理核准後始可任用。

　　❑新進人員若表現優異且符合公司（考試）條件者，於試用期

滿時，各單位主管須以試用期滿考試通知單或相關的考試證
明呈核部門主管簽核後，調整個人薪資。

(2)調職／升遷調整薪資

❑ 員工因調職及升遷時，一律由部門主管事先提出申請，經人
力資源部審核各項標準後簽核人事通知單，呈總經理核准後
始可調整。

❑ 該員工必須符合該職務的各項要求及通過公司相關的考試，
或取得相關證照者優先考慮核准。

(3)績效調整薪資

❑ 依公司制度每年於六或十二（由公司自行訂定）月份辦理個
人工作考績，由各部門主管事先依公司考核辦法提出申請，
經人力資源部整合並提出相關建議後，由總經理核准後始可
調整。

❑ 員工若擔任同一職務時間久，薪資已超過該職務的最高級
距，原則上不再作任何調整；除於公司整體調整各職等薪資
級距時，始可調整。

(4)薪資級距調整

❑ 薪級表各級的金額全數調整，其調整的幅度多少則視消費者
物價指數、餐旅同業薪資行情、公司年度業績及其他相關因
素而擬定，以專案方式由人力資源部整合相關資料並提出所
有職等調整幅度後，經總經理核准後呈請董事會開會同意後
始可調整。

❑ 原則上每次只進行績效調整或薪資級距調整，若一次進行兩
者的調整不但增加公司人事成本，更容易造成薪資制度的混
淆及不公平，必須特別注意。

㈡內部管控作業重點

1.目前有許多餐旅業採薪資調整部門預算制，雖然可以有效控制每

一個部門的預算，但往往失去立足點的公平，人事單位應特別注意人為上的疏失或是否有部門主管偏愛某一些特定員工等不公平的事宜。

2. 基層人員的基本薪資調整幅度應考量是否能補償物價上漲、生活費增加的需求等大環境因素；另對公司整體成本的影響是否為財務上所能負擔的程度，以維持公司的競爭優勢。

3. 在績效考核的級距上，應能有效的反應及獎勵績優人員為主要目的。

表6-3　薪資單

×× 公司員工薪資單			
中華民國　年　月			
員工編號：＿＿＿＿＿　員工姓名：＿＿＿＿＿＿　帳號：＿＿＿＿＿			
薪　資		薪資扣項	
本薪		請假扣薪	
各項津貼		所得稅	
1.職務津貼		勞保	
2.空班津貼		健保	
3.大夜班津貼		團保自費	
4.其他津貼		福利金	
加班費		員工簽帳	
全勤獎金		員工貸款	
績效獎金		獎懲	
其他獎金		其他	
加項合計		扣項合計	
薪資淨額			

專欄 6-2

薪資管理的重要性

企業如何塑造一個「留才的經營環境」是非常重要的；一個留才的環境應包含：

1.塑造公司發展的前景。

2.合理的薪資水準。

　(1)新進人員起薪，應合乎公司需要及業界行情。

　(2)起薪（含獎金），要有一定的行情。

　(3)獎金的比例與浮動比率。

　(4)新人的保障調薪政策。

　(5)為避免新人留不住，調薪要有明確的政策。

　(6)外界經驗與內部經驗的平衡性。

　(7)避免新人比舊人薪資高（類似工作）。

3.公平公開的薪資系統。

　(1)兼顧學歷及同工同酬的基本原則。

　(2)不同的學歷起薪雖不同，但做同一職務，則職務加給要一樣。

　(3)起薪要有一定的公開標準，各種常態性的加給也要有公開的標準。

　(4)明確的調薪政策及標準。

　(5)任何薪資的異動皆有標準可行。

　(6)新人保障調整金額亦須訂定標準。

　(7)員工分紅制度，將獲利回饋員工。

4.公正公開的升遷制度。

　(1)讓有能力及績效好的出頭。

　(2)不再以年資及拍馬屁為升遷的依據，讓有能力及績效好的快速出頭，以拔擢人才。

(3)建立公平客觀的考核制度。

(4)讓公司很容易分出好的人與不好的人，企業最怕一群人一起打混帳，好人將會留不住。

(5)創造人才儲備的環境。

(6)能力好又有績效的人，職務沒有空缺，怎麼辦→應該給予升等的機會。

5.　照顧員工的福利制度：如何建立「好的福利制度」，是一項技巧，因為福利費用，也是公司的一項人事成本，福利好、薪資差，員工不滿意；薪資好、福利不好，員工還是有抱怨。因此，如何將薪資與福利的支出，合併考量，就是一大學問了。

(1)與升遷結合的教育訓練制度。

(2)將員工的教育訓練，與升遷制度結合，一方面，讓員工有不斷學習的機會；另一方面，學得的能力因晉升而留住人才，使公司獲益。

(3)鼓勵員工在職進修，並給予補助。

(4)將員工可能需求的福利項目，規定在某一金額下，福利項目由員工挑選，並將該福利項目納入薪資所得，一方面保持一定水準薪資；另一方面，福利項目多樣化，對內或是對外，皆可得到好名聲。

資料來源：智邦生活館電子報文章，台中精機廠（股）公司人力資源經理顏明祥先生提供。

第三節　同業薪資作業調查

一、薪資調查的目的、方法及功能

㈠薪資調查的目的

　　薪資調查的最重要目的就是幫助企業評估在相同人力市場中，該企業提供的薪資福利是否具有市場競爭力、能不能吸引各職階求職者加入或留任該企業的一種工具。

㈡薪資調查的方法

1. 一般而言，許多大型企業或專門的顧問公司，薪資調查會藉由一公證單位進行，針對不同產業別、不同規模的各企業蒐集在一般企業中定義明確、具比對意義的職務進行薪資調查。經過公證單位分類、整理後提供各企業作為參考。公證單位應確保個別企業的薪資資料不外洩，僅供統計與分析之用。
2. 另一種在餐旅業界常被使用的方法為同業之間的比較。

㈢薪資調查的功能

　　當公司行號取得相關業別的薪資調查整理報告，通常人力資源部會進行下列的檢視：

1. **在招募方面**：參考各職務一般起薪及專業年資薪資水準。
2. **在制定薪資福利政策方面**
   ⑴調整公司薪資策略百分比。
   ⑵檢視目前公司在同質性產業中的薪資定位百分點。

(3)檢視各職務之薪資給付在市場上是否具有競爭力。

(4)檢視公司內部人力成本是否偏低或偏高。

(5)參考當年度一般企業調薪幅度。

二、餐旅業薪資調查的現行狀況

㈠薪資調查的作業流程

1.旅館業

　　旅館業目前所進行的薪資調查最主要的來源，為成立於民國七十多年的「台北市國際觀光旅館人事訓練主管聯誼會」，每年於三月份開始進行的「觀光旅館薪資調查表」，由各家觀光旅館提供有關以下資料：（參考表6-4）

(1)各部門起薪明細：如客房部、房務部、餐飲部、財務部、後勤各單位、美工、安全室、業務部、工程部等。

(2)所調查薪資的內容：如起薪、試用期滿調薪、各項不同職務津貼及學歷不同的給薪狀況。

(3)調薪幅度及下次調薪的計畫等項目。

(4)備註狀況：如年資、特殊職務條件的說明等。

2.餐飲業

　　餐飲業因許多主客觀因素的影響下，幾乎無人做同業薪資調查，其主要原因如下：

(1)臺灣餐飲業早期多數業主只抱持短跑的經營政策（獲利即結束或且戰且觀望的短期布局，所以各家皆有自己的一套薪資條件且視為營運機密從不對外公布）。

(2)近年來餐飲市場有許多旅館人才投入後，漸漸地許多的薪資條件及政策慢慢地向觀光旅館學習，故轉移了許多旅館業的相關經驗，而形成了自己的一套薪資辦法，但因仍保守的將其視為營運機密，所以目前業界並無薪資資料相互流通的作法。

表6-4　觀光旅館九十二年度三月份薪資調查彙整表

單位	職稱	飯店	圓山	喜來登	遠東	老爺	亞都	台北凱撒	凱悅
客房部	接待員	起薪	25000	23000	26000	25000	25000	22500	26000
		試滿	—	28000	27000	26500	—	4～10%	27000
		津貼	2000	2000	—	1000	—	—	—
	總機	起薪	23000	21000	22000	24000	25000	22000	25000
		試滿	—	22000	23000	25200	—	4～10%	26000
		津貼	—	—	—	—	—	—	—
	駕駛員	起薪	23000	／	21000	—	26000	／	
		試滿	—	／	21900	外包			16000
		津貼	(註一)	／	—	—			
	門衛	起薪	21000	19000	18000	20000	21000	21000	—
		試滿	—	20000	19000	21000	—	4～10%	17000
		津貼	—	—	—	2500	—	—	—
	行李員	起薪	21000	19000	18000	20000	21000	18500	—
		試滿	—	20000	19000	21000	—	4～10%	17000
		津貼	—	—	—	2500	—	—	—
	機場代表	起薪	28000	22000	24000	27000	22000	22000	—
		試滿	—	23000	25000	28000	—	4～10%	19000
		津貼	(副組長)	—	—	9500	—	—	—
	櫃台出納	起薪	25000	／	26000	／	／	22500	26000
		試滿	—	／	27000	／	／	4～10%	27000
		津貼	2000	／	—	／	／	1000	—
	訂房員	起薪	23000	20000	26000	25000	25000	23500	26000
		試滿	—	22000	27000	26000	—	4～10%	27000
		津貼	—	—	—	—	—	—	—
房務部	領班	起薪	28000	23000	28000	30000	24000	24000	26000
		試滿	—	25000	29000	31000	—	4～10%	28000
		津貼	—	—	—	—	—	—	—
	樓層服務員	起薪	22000	20000	21000	21000	20000	19500	20000
		試滿	—	21000	21900	22000	—	4～10%	21000
		津貼	—	—	—	—	—	—	—
	公共區域清潔員	起薪	20000	19000	20000	—	20000	19500	—
		試滿	—	20000	20900	外包	—	4～10%	20000
		津貼	800	—	—	—	—	—	—
	洗衣房作業員	起薪	19000	19000	22000	—	20000	／	—
		試滿	—	20000	23200	外包	—	／	20000
		津貼	—	—	—	—	—	／	—

豪景	長榮	力霸	華國洲際	國賓	寰鼎大溪	歐華	華泰	富都
2.1萬~2.2萬	24000	25000	23000	24274(大學)	22000	24000	24000	21000
2.2萬~2.3萬	25000	–	25000	25190	25000	–	25000	22000
–	–	–	–	2000	–	–	–	夜1500
2.1萬~2.2萬	24000	22000	22000	20389	20000	24000	23000	20000
2.2萬~2.3萬	25000	–	23000	–	22000	–	24000	–
–	–	–	–	1000	–	–	–	–
	24000	20000	25000	23587	–	28000	–	–
	25000	–	28000	–	–	–	–	19000
	–	–	–	2000	–	–	–	–
20000		20000	20000	21948		20000	22000	19000
21000		–	21000		–	–	23000	20000
	–	–	–	–	–	2000	1000	–
20000	17000	20000	20000	19694	20000	20000	22000	–
21000	18000	–	21000	–	20700	–	23000	16000
–	–	–	–	–	–	–	2000	–
	–	24000	21000	25190	–	24000	23000	–
	–	–	23000	–	外包	–	24000	21000
	–	–	3000	2000	–	–	–	2520
2.1萬~2.2萬		25000	23000			24000		由接待員兼辦
2.2萬~2.3萬		–	25000					
–		–	1000	–				1000
2萬~2.1萬	24000	23000	22000	24274(大學)	23000	24000	24000	20000
2.1萬~2.2萬	25000	–	23000	25190	25000	–	25000	22000
–	–	–	–	–	–	–	–	–
23000	26000	26000	22000	23358	25000	27000	25000	22000
24000	27000	–	23000	–	27000	–	26000	23000
–	1000	–	–	3000	–	–	–	–
1.8萬~1.9萬	20000	20000	20000	20839	20000	23000	21000	18500
1.9萬~2萬	21000	–	21000	–	20700	–	22000	19500
–	–	–	–	–	–	–	–	–
–	–	18000	20000	20839	20000	24000	21000	–
外包	外包	–	21000	–	20700	–	22000	18000
–	–	–	–	–	–	–	–	–
1.8萬~1.9萬	2000	19000	20000	19465	20000	25000		–
1.9萬~2萬	21000	–	21000	–	20700	–		外包商
–	–	–	–	–	–	–		–

（續）表6-4　觀光旅館九十二年度三月份薪資調查彙整表

單位	職稱	飯店	圓山	喜來登	遠東	老爺	亞都	台北凱撒	凱悅
餐飲部	訂席員	起薪	23000	23000		26000	24000		23000
		試滿	—	25000		28000	—		24000
		津貼	—	—		—	—		—
	A領班	起薪	30000	23000	29000	25000	25000	24000	28000
		試滿	—	25000	30160	26000	—	4～10%	29000
		津貼	—	—	—	—	—		—
	B領班	起薪	27000		24000				28000
		試滿	—		25000				29000
		津貼	—		—				—
	訓練員領檯組長	起薪	28000	21000	21000	22000			23000
		試滿	—	23000	21900	23000			24000
		津貼	—	—	—	—			—
	點菜員	起薪							
		試滿							24000
		津貼							—
	洗滌員 清潔員 備餐員	起薪	20000	19000	21000	19000	20000	19500	
		試滿	—	20000	21800	20000	—	4～10%	18500
		津貼	2000	—	—	—	—	—	
	工讀生	起薪	—		16000			110	18000
		試滿	100		—			元/小時	—
		津貼	元/小時		—			—	—
中西餐	服務員	起薪	22000	19000	20000	19000	22000	19500	
		試滿	—	21000	21840	20000	—	4～10%	21000
		津貼	—						
	服務生	起薪	—			19000			
		試滿	20000			20000			
		津貼	—						
廚房	學徒	起薪	19500	17000	18000	19000	19000	19000	—
		試滿	—	18000	18720	20000		4～10%	20000
		津貼	—						
餐廳	臨時工		500	—	110～130	90～125	—	110	100
			元/4.5小時	—	元/小時	元/小時	—	元/小時	元/小時

豪景	長榮	力霸	華國洲際	國賓	寰鼎大溪	歐華	華泰	富都
1.9萬~2萬	22000	23000	24000	24274(大學)	／	27000	23000	20000
2萬~2.1萬	23000	—	28000	25190	／	—	24000	21000
—	—	—	—	2000	／	—	—	—
23000	32000	26000	28000	23358	／	27000	26000	23000
24000	33000	—	30000	—	／	—	27000	25000
—	—	—	—	1200	／	—	—	—
22000	26000	／	25000	／	26000	25000	25000	／
23000	27000	／	28000	／	27400	／	26000	／
—	—	／	—	／	／	／	／	／
21000	／	22000	23000	／	／	／	24000	21000
22000	／	—	25000	／	／	／	／	22000
—	／	—	—	／	／	／	／	／
20000	／	22000	24000	／	／	／	／	／
21000	／	—	25000	／	／	／	／	／
1.7萬~1.8萬	—	19000	—	20839	20000	20000	21000	—
1.8萬~1.9萬	外包	—	外包商	—	20700	—	22000	18500
1.7萬~1.8萬	90-115	／	16000	10534	16000	—	17000	／
—	元/小時	／	16000	—	—	—	—	／
—	—	／	實習生	—	／	—	—	／
18000	21000	22000	20000	20839	20000	20000	22000	20000
19000	22000	—	21000	22442	20700	—	23000	至
／	／	22000	／	20381	／	／	／	22000
／	／	—	／	20839	／	／	／	18000
／	／	—	／	—	／	／	／	20000
／	／	—	／	—	／	／	／	—
21000	／	18000	22000	19694	20000	21000	17000	18000
22000	／	—	23000	20839	20700	—	18000	20000
130~150	90~115	75~120	100~150	100	88	100	100~120	100
元/小時	元/小時	元/小時	元/小時	元/小時	元/小時	元/小時	元/小時	元/小時

（續）表6-4　觀光旅館九十二年度三月份薪資調查彙整表

單位	職稱	飯店	圓山	喜來登	遠東	老爺	亞都	台北凱撒	凱悅
財務部	餐廳出納	起薪	22000	23000	23000	22000		21000	20000
		試滿	—	24000	23800	23000		4～10%	21000
		津貼	—	2000	—	1000		—	—
	會計	起薪	22000	20000	25000	23000	24000	23000	
		試滿	—	21000	26000	24000		4～10%	22000
		津貼							
	後勤辦公室	大學畢	23000	23000 至 25000	26000 至 28000	27000	24000	23000	28000
	秘書		—						
	各部門助理	大專畢	—			26000			28000
	房務部辦事員		—			—			
	工程部辦事員	高畢	—			25000			28000
美工	設計員	起薪	35000	26000	25000	24000		23000	—
		試滿	(設計師)	28000	—	25200		4～10%	25000
		津貼	—	—	—			—	
安全室	警衛	起薪	22000	25000	21000	22000	23600	21000	20000
		試滿	—	26000	21840	23500	—	4～10%	21000
		津貼	2000	—	—			—	
業務部	代表	起薪	28000	33000		29000	25000	28000	30000
		試滿		36000		30000		4～10%	31000
		津貼	業務專員	—		—		—	
工程部技術員	大學	起薪	30000	23000 至 34000 （註1）		28000		27500	27000
		試滿	甲級			30000		4～10%	28000
		津貼						—	
	專科	起薪	28000		32000	27000		25000	27000
		試滿	乙級		33800	29000	26000	4～10%	28000
		津貼	—		—	—		—	
	高中	起薪	26000			25000			27000
		試滿	丙級			27000			28000
		津貼				—			
上次調薪日期			90 年 1 月				89.07.01	89.09	91.07.01
幅度%			3%				3%	2～3%	2～50%
本次調薪日期								不調	
幅度%									
預定下次調薪日期								不調	
幅度%									

豪景	長榮	力霸	華國洲際	國賓	寰鼎大溪	歐華	華泰	富都
2萬~2.1萬	22000	–	21000	24274(大學)	20000	23000	22000	18000
2.1萬~2.2萬	23000	20000	22000	25190	20700	–	23000	19000
1000	1000	1000	–	–	–	1000	1000	1000
2.1萬~2.2萬	24000	23000	23000	24274(大學)	23000	25000	24000	20000
2.2萬~2.3萬	25000	–	25000	25190	25000	–	25000	21000
–	–	1000	–	–	–	–	–	–
22000	24000	–	30000	25190	23000	24000	25000	20000
–	27000	–	–	–	–	–	–	至
21000	23000	20000	30000	24274	23000	24000	24000	25000
–	–	23000	–	–	–	–	–	
21000	22000	20000	28000	20381	23000	–	23000	
2萬~2.5萬	22000	28000	32000	19236	30000	31000	27000	20000
2.1萬~2.6萬	23000	–	35000	20381	32000	–	28000	至 24000
20000	–	／	22000	22900	24000	25000	22000	19000
21000	外包	／	23000	–	26000	–	23000	20000
–	–	／	–	2000	3000	–	–	–
22000	24000	28000	28000	24274(大學)	30000	30000	26000	25000
23000	25000	–	35000	25190	32000	–	27000	至 27000
–	–	4500+800	–	2000	–	–	–	
2.4萬~2.6萬	28000	24000	30000	27480	／	／	30000	／
2.5萬~2.8萬	29000	–	32000	–	／	／	32000	／
–	–	–	–	1500	／	／	–	／
2.4萬~2.6萬	28000	24000	26000	26106	30000	28000	27000	／
2.5萬~2.8萬	29000	–	29000	–	31500	–	29000	／
–	–	–	–	1500	–	–	–	／
／	26000	24000	26000	24274	／	25000	26000	24000
／	27000	–	29000	–	／	–	28000	–
／	–	–	–	1500	／	–	–	2000
85年					無	90.08.30		
						0%		
不調		(註2)			暫不考慮	91.08.30		
						0%		
未定	92.01.01							
	3~5%							

註1 ☞ 駕駛員津貼大客車4000、小客車2000。　　　製　　表：富都飯店人事室
註2 ☞ 試滿依公司規定不得超出起薪5%。　　　　製表日期：91.11.30

專欄 6-3

「薪」事誰人知？

　　如果說女人是世界上最難懂的人，那麼薪水就是世界上最難搞定的事情。雖然有這麼多有智慧的中外專家及前輩，傾全力制訂多的數不完的辦法及制度，在薪水的管理中，就人力資源管理的基本理念之公平、公開的原則上，薪水永遠是人力資源部主管心中永遠的痛！

　　筆者在從事餐旅行業前曾在貿易公司工作五年，在三年的努力中學習了貿易所有的工作流程，如接待顧客、製作訂單、樣品的索取、管理及擺設、出貨的控制、催討及驗收等皆有一定專業的表現，甚至破例晉升為女性業務課長，自己心中的滿足當然不在話下，但這份工作的成就感在得知遠遠不如自己的男性同事薪資比自己要高出二千元時，重重的被挫折感所取代。最後終於忍不住鼓起勇氣向老闆提出疑慮時，所得到的回答是「因為他必須養家活口，而你還年輕這種薪水應該夠了！」，得到這種答案的我不知該高興還是要悲哀，因為家庭因素、性別及年齡在早期臺灣的人力市場上，仍是老闆敘薪的重要因素，那麼「工作績效」所扮演的角色又是如何呢？

　　這個答案在我從事餐旅業人資管理工作十多年後，終於有較深切的見解了。在這十年來看過多少為了薪資的多寡，好友翻臉變仇人、忠誠的員工背叛了自己貢獻多年的公司反投他家公司，並帶走了所有的人員或業務機密，同一部門的人員在績效考核時的勾心鬥角，也有人為了加薪使出渾身解數的手法，不惜一哭二鬧三上吊，毫無尊嚴的向主管求情，種種人生百態在加薪期的前後先後上演，而且只要公司存在的一天，這檔人生百態的連續劇亦會不厭其煩的在人資主管面前不斷地重複。

　　有條流行台語歌我最愛在調薪時期將其更改歌詞不斷地哼唱：

　　「薪」事若不說出來，有誰人能知！

　　有時候想要說出，誰能知道我真正的痛？

第四節 問題與討論

一、個案

　　Lisa為一位剛從美國餐旅科系研究所畢業的社會新鮮人，回國後因自己所讀的是旅館管理，所以理所當然應徵的皆是台北五星級旅館，雖然自己並未在相關行業裡有正職的工作經驗，但在大學時有旅館及餐廳的實習經驗，在美國Holiday Inn連鎖旅館也有過半年餐廳接待的經驗。在尋尋覓覓中，終於得到一家頗具規模的五星級旅館實習主管(Management Trainee)的職缺。此份工作在該旅館人力資源部精心的策劃下有著與別家不同的願景，一年中的時間有客房部、房務部、餐飲部、後勤單位如採購部、財務倉庫管理及驗收作業、人力資源部、業務部等的實習機會，雖然必須於訓練期滿後留任公司工作一年，但Lisa仍毫不考慮的進入該旅館工作，雖然別家旅館有提供小主管級的職缺，但她在考慮自己的興趣目前尚未確定於哪一個部門時，她深信在經歷過旅館所有部門後，自己應該能更清楚未來的定位！

　　一年的時間在不斷地轉換部門後很快的過了，而這也是結束自己實習生涯正式邁入正式工作的時機了。但旅館的人力安排讓她很不高興，因為她所希望去的業務部門並沒有職缺，公司將她安排在餐飲辦公室負責所有餐飲業務，而且薪水也不像當初所期望的有較高幅度的調整，公司的說法是她的相關工作經驗不夠，調整後怕引起同部門人員的反彈。Lisa相當後悔一年前的決定，更因為情緒不穩而失去了自己往日的工作表現，也因此而影響與同部門人員相處的感情，讓人力資源部的主管頭痛不已。

二、個案分析

此案例說明了員工教育訓練、薪資管理及生涯規劃關聯的重要性，在餐旅業界為了培養自己的管理人員，通常會有儲備主管的規劃，但許多的案例都像上例一樣「功虧一簣」，最主要的原因是未將此訓練的制度，結合生涯發展及薪資管理辦法。但上例的Lisa亦應該用一種較成熟及自我管理的心態調整自己低落的心情，因為以公司的立場上來看，已經花一年培養的時間及精力在她身上，為了少許的金錢及暫時性的職務不合興趣，而影響了自己該有的專業表現，以未來在此行業的發展性，實在是得不償失。此時，應該建議Lisa主動找人力資源部主管溝通說明自己的興趣及未來生涯的自我規劃，並積極的在目前的職位上表現，將其當作未來發展的墊腳石，如此一來必可改善及調整心態情緒，究竟能否與部門做良好互動及績優的工作表現，是調職及升遷的不二法門。

三、問題與討論

房務領班雅青在公司年資已將近十五年，擔任領班的工作也有五年，今年度自己的薪資已超過此職務最高薪資，雖然在去年的考核時，經理已暗示過她公司有規定，超過薪資上限者不再調薪，但今年因景氣不佳公司未如往年一樣調整薪資級距，如此一來所有資深的人員根本無法如願的調薪。雅青心裡十分不平，她想難道資深是一種錯誤嗎？公司是不是對資深員工有歧視？而主管也未積極的規劃她的生涯發展，難道只有到別家旅館才是幫自己爭取到較好薪資的唯一途徑嗎？雖然自己在職位上已盡全力的做好份內工作，但因公司死板的制度，讓雅青也像其他資深的同事一樣，積極地尋找自己事業的第二春。

第七章

福利政策及制度

　　員工福利是指員工的薪資所得以外的間接報酬，它最重要的目的是在提供公司所能改善的勞工生活品質，藉以提高員工的工作情緒，保障生活的安定，進而增加工作效率而提升公司營運績效。

第一節　目前餐旅業福利政策及制度

一、福利規劃的範疇

㈠美國商業公會(The Chamber of Commerce of the United States)可區分為五類

　1.法定給付：如各種失業、老年及工作條件相關的保險，如常見的員工團體保險。

　2.員工服務：如退休金、醫療保險、員工儲蓄等。

　3.休息時間：如午餐、下午茶、更衣時間等。

　4.有給休假：如事假、病假、公假及休假等。

　5.其他各種給付：如員工分紅、各項獎金等。

㈡行政院勞工委員會

　　我國對於職工福利金的分類項目可區分為五類：

　1.福利輔助：婚、喪、喜、慶、傷病、急難救助、災害補助等。

　　（其法令規定最高動支比率為30%）

　2.教育獎助：勞工進修輔助、子女教育獎助等。（其法令規定最高動支比率為40%）

3.**文康活動**：休閒育樂活動、社團活動、文康活動及設施等。
（其法令規定最高動支比率為40%）

4.**財產形成**：儲蓄購屋、儲蓄保險等。（其法令規定最高動支比率為10%）

5.**家庭及其他福利補助**：托兒、老年眷屬照顧、輔助及設施、年節慰問、退休職工慰問、其他福利等。（其法令規定最高動支比率為40%）

重要備註：

1.職工福利金動支範圍以直接及普遍性為主，並以不超過當年度福利金總收入30%為原則。

2.職工福利金之動支應以辦理全體員工福利業務為範圍，以下情形不得動支職工福利金：

(1)依法由雇主負擔者，如勞保費、健康檢查費等。

(2)屬事業單位營運必要之支出，如工作服、工作鞋等。

(3)依習俗由雇主負擔者，如分紅獎金、尾牙等。

(4)對外之捐贈、贊助或出借，如對火災戶的捐助等。

(5)對特殊人所給予的特殊利益，如委員之出國考察等。

二、餐旅業福利規劃的現狀

㈠退休金

　　由公司依法令規定每月提撥固定的比率至中央指定的金融單位。另亦可協助員工規劃儲蓄以福利金補貼利息的方式，以備員工老年退休之用。另也有部分公司規劃員工退職制度，如希爾頓工作年資滿十年後即可領退職金，也是照顧員工中年轉業的一種福利。

㈡員工保險

除政府強制規定的勞、健保之外，餐旅業也有為員工辦理團體保險、壽險、意外險（針對部分工時人員、較危險職務及員工出差、出國等狀況），勞、健保由雇主及員工依法定比例各自負擔外，由公司自行為員工投保的團體保險則全數由公司支付，另有些公司更為照顧員工家屬也會規劃由公司支付提升（或全數）眷屬的保費，讓員工更無後顧之憂的為工作打拼（參考表7-1）。

表7-1　團體保險規劃範例

級數\保險內容	第一級 董事會	第二級 A／B級 主管	第三級 C級主管及 試用期滿員工	第四級 （工讀生）	第五級 （超齡員工）
定期壽險(GTL)	150萬	100萬	80萬	無	無
意外險(GADD)	200萬	150萬	100萬	100萬	100萬
住院醫療險／ 每日病房費 (GSHS)	2,000元 ／每日	1,500元 ／每日	1,000元 ／每日	無	無
重大疾病險 (GDDB)	50萬	30萬	30萬	無	無
癌症身故險 (GCA)	10萬	10萬	10萬	無	無
癌症住院日額 (GCAI)	1,000元 ／每日	1,000元 ／每日	1,000元 ／每日	無	無
職災災害險 (GOH)	依個人在公司實際支領薪資	依個人在公司實際支領薪資	依個人在公司實際支領薪資	依個人在公司實際支領薪資	（只限具勞保身份者）依個人在公司實際支領薪資

(三)有薪休息時間

目前餐旅業的有薪休息時間包含用餐時間及午休、每個工作時段的休息時間、更衣及衛浴時間，另法規上所規範的有薪年假（目前業界多數遵照勞基法上給的年假數，但也有少數公司會有較勞基法優惠的年假數來吸引較有能力的人才）。

(四)福利補助

目前餐旅業常規劃的有：

1. 三節獎金、住院及喪葬補助金、結婚及生育補助、重大災害補助（如員工遭受火災、風災及地震等災害，住家受到嚴重損害者）、年終聚餐補助等。

2. 產品優惠：如主管的限額免費用餐、洗衣限額免費及優待、因公免費用餐、私人宴請折扣、國內外連鎖公司餐飲或住房優惠等（參考表7-2）。

表7-2　公司週年慶員工五折優待範例

優待卡使用規定：

1. 本卡有效期間自　　年　　月　　日至　　年　　月　　日止。
2. 本卡限員工本人陪同使用，以六人為限。
3. 每張優待券限使用一次，不可數人合併使用。
4. 本卡限於（列出餐廳名稱使用之）。
5. 本卡使用須預先訂位。
　（各餐廳午餐、晚餐各限二桌，敬請提早訂位。）
6. 用餐時請穿著整齊、遵守次序；禁止外帶，禁止在酒吧使用。
7. 含酒精類之飲料無折扣，並不得外賣。
8. 員工消費簽帳扣薪以三仟元為限，其餘超額部分一律以現金付。
9. 本卡見財務部簽章方為有效。

3. 財產形成：公司優惠存款計畫、公司低利貸款、分紅入股、購車及購屋補助等。

4. 子女獎助學金及員工進修受訓補助等（參考表7-3）。

(五) 文康活動

為促進員工的身心健康、提高工作情緒，也可以增進同事間的情感聯誼，許多餐旅業皆有規劃相關的員工活動。

1. 生日蛋糕或禮金：員工於生日當天或（月），可收到公司致贈的生日賀卡及蛋糕或禮金。並定期舉辦員工生日慶生會，其相關作業流程為：

(1) 將員工生日名單附上員工生日卡內頁，送上當月生日份數給總經理簽名祝賀，並將生日卡及生日蛋糕於員工生日前送達員工手上。

(2) 於員工生日當天，將員工姓名發布於布告欄，接受其他同事的祝賀。

(3) 生日員工可參加每月慶生會，接受其他同仁及主管的祝福。

表7-3　職工福利委員會職工子女教育獎助辦法範例

一、宗旨
　　職工福委會為鼓勵員工子女敦品勵學，培育人才蔚為國用，特設置本辦法。

二、獎助對象
　　凡現在就讀於國內公私立初中、高中、高職及大專院校員工子女，其學業、操行、體育成績符合本辦法規定者，均為獎助對象。

三、獎學金金額及來源
　　每學期新台幣_____元（頒發標準及名額分配詳第八條），全年共計新台幣_____元正，暫由福委會列入教育補助年度歲出預算項下撥付，必要時得另闢財源行之。

肆、申請條件
　　(一) 申請人進入公司服務年資必須滿一年。
　　(二) 申請人之子女學業成績必須符合本辦法第七條各項規定標準，且操

　　行、體育成績必須在乙等以上。

五、申請手續

　　㈠填具申請書乙份。

　　㈡繳驗本學期在學證明（或學生證，但必須有本學期註冊章）暨上學
　　　期學業成績單各乙份。

　　㈢父母與子女之關係證明（戶口謄本或身份證影本）。

六、申請期限

　　每年　　月　　日至　　月　　　日；逾期不受理。

七、學業成績應達標準

　　公私立大專院校總平均成績應在七十分以上，公私立高中、高職總平
　　均成績應在七十五分以上，初中總平均成績應在八十分以上。

八、獎學金頒發標準與名額分配

　　公私立大專院校＿＿＿名，每名每學期獎學金新台幣＿＿＿＿＿＿元。

　　公私立高中、高職＿＿＿名，每名每學期獎學金新台幣＿＿＿＿＿＿元。

　　初中＿＿＿名，每名每學期獎學金新台幣＿＿＿＿＿＿元。

九、審查要項

　　㈠獎學金申請案之審查與核發，由本會設立獎學金審查小組負責辦
　　　理，小組成員並由福利委員會互推三人擔任，文教活動委員會為當
　　　然委員，並負責辦理申請案件之各項作業。

　　㈡獎學金審查小組對申請案件，應依照本辦法所訂定公正審核之。

　　㈢單項課業成績、操行、體育有任何一項成績不及格者(未滿六十分)
　　　不予錄取。

　　㈣成績合乎本辦法規定標準者，以公立學校及日間部優先錄選。

　　㈤餐旅科系學生學業成績合乎本辦法規定標準者，以第一優先錄選。

　　㈥大專院校成績分數相同者，以英文成績為取捨標準。

　　㈦每學期申請獎學金各組合格人數，未達規定名額時，其缺額從缺
　　　得順位遞補，但不得轉移其他各組。

　　㈧有以下情況者不可申請獎助：

　　　1.已領有公費或其他津貼者。

　　　2.肄業於各種補習學校（班）者。

　　　3.就讀各大專院校研究所碩士、博士班者。

　　　4.每學期選科低於四科以下者。

十、施行依據

　　本辦法經職工福利委員會第＿＿＿屆第＿＿＿次會議通過施行。

　　如有未盡事宜，得視需要由獎學金審查小組建議福利委員會議增訂
　　之，修改時亦同。

2. 定期郊遊或旅行。

3. 社團活動：為使員工有相同興趣者，能聯誼友誼及技藝並交換心得，公司可成立相關的社團，如球類團隊、插花、書法、烹飪、戲劇……等。

4. 員工晚會：每年年終時舉辦員工晚會，有晚餐、晚會節目表演、摸彩等規劃。

5. 國外觀摩或旅遊：為擴大員工對國際經營的認識，規劃於淡季時籌組國外觀摩旅行團，一來可以增廣見聞再者可以渡假休閒。

6. 醫療衛生活動。

　　(1)急救箱藥品補充

　　　❑ 於每年定期對各部門醫療箱藥品不足或缺少之項目，進行調查及統計。

　　　❑ 統計結算之總表，檢討實際需求後填具採購單，附上註明項目與數量之總表，由經辦人員簽字，總經理簽核後，傳至採購部採購。

　　　❑ 購買之藥品送達人資部門後，依各部門申請單通知領取。

　　(2)員工健康檢查

　　　❑ 依照勞工安全衛生法第十二條規定，每年實施全體員工身體健康檢查。

　　　❑ 檢查時間則選擇公司較不忙的時間。

　　　❑ 與當地經政府批准辦理勞工身體檢查之中、大型醫院，請其報價再將所有提案呈報總經理。

　　　❑ 依計畫辦理檢查，將員工分批進行（以免耽誤公司之正常運作）。

　　　❑ 檢查後要追蹤報告，若有任何員工罹患法定傳染病時應立即處理。體格檢查發現勞工不適於某種工作時，不得僱用其從事該項工作。健康檢查發現勞工因職業原因致不能適應原有工作者，除予醫療外，並應變更其作業場所，更換其工作，縮短其工作時間暨為其做適當安排之措施。（勞安法第十三條）

專欄7-1

員工健康檢查只是為了應付法規嗎？

依照勞工安全衛生法規定，每年實施全體員工身體健康檢查，當初立法的重要精神為確定員工的自身安全及保障顧客的權益，但實施多年後筆者發現許多檢查單位為爭取生意，惡性競爭以低價的行銷策略推銷員工健康檢查。但在餐旅業的許多同業後來紛紛發現，羊毛還是出在羊身上，不是惡意向員工推銷自費檢查項目讓人資部背上收取回扣的黑鍋，不然就是將檢體外包小醫院，以至於檢查出的結果錯誤百出讓人資部慘遭員工唾罵。

為保障人資部的聲譽及員工健康檢查的品質，建議不該將報價視為唯一的遴選標準，以下為筆者辦理多年的健康檢查經驗之分享。

一、先行比較報價內容：（比較表範例如下）

醫療單位	A 醫院	B 醫院	C 醫院
一般體檢			
一般＋供膳(廚師)			
特殊體檢(高溫)			
特殊體檢(噪音)			
＊加做 B 型肝炎			
＊加做早期肝癌檢查			
＊一般＋供膳＋加項			
＊主管部份			
推薦單位	列出餐旅同業選擇及須注意事項	列出餐旅同業選擇及須注意事項	列出餐旅同業選擇及須注意事項
總費用			

二、各家優缺點分析：謹針對各家醫院接洽相關人員、各推薦單位之意見及往年檢驗品質等主客觀因素，作以下狀況分析：（分析案例的寫法範例如下，建議依所遴選之醫療單位優缺點作詳實的分析）

(一)A醫院

1.X年X月X日至該院客戶的XXX之公司作外診觀察，發現其服務品質尚可，但有推銷之行為。（此部分已事先向其業務人員諮詢過，其也信誓旦旦的說明該院不會有推銷行為）

2.X年X月X日該院體檢部人員至公司作簡報，其程度較去年之業務人員專業。但其仍希望公司能開放「員工自費」體檢部分，以期能降低整體報價節省公司的成本。

結論：1.該院業務人員較去年專業。

2.該院對已承諾事項是否誠實，有待進一步觀察。

3.因一般餐旅業仍以因應法規規範為主，其他建議項目未予列入，故無從比較。

(二)B醫院

1.X年X月X日至B醫院體檢中心參觀其設備，並與其業務負責人員面洽，發現其設備簡單（其明細報告如下列比較表所示）。且其承辦人員外表及談吐不是十分合宜，令人不敢交付責任。

2.X年X月X日與其聯絡，去年之承辦人員已離職，今年承辦人員僅提供報價，態度並未十分積極。

(三)C醫院

1.X年X月X日再次參觀其檢驗室設備，由其檢驗部主任介紹相關設施及功能。（其明細報告如下列比較表所示）

2.X年X月X日、X日分兩梯次做本公司全員體檢。其服務品質及檢驗品質不錯，未聞有員工抱怨。

三、結論與建議分析

(一)此次全員體檢最主要的目的有：

1. 藉由每一次體檢得知員工最新及實際之身體狀況，以保障員工健康及客人的權益，並避免營運成本無形的浪費。

2. 此項規劃（全員體檢）將視為員工福利之一。

3. 今年建議是否除法令規範外，可針對餐旅業員工經常罹患的疾病（如B型肝炎或早期肝癌等檢查），做進一步的分析。

(二)故由上述目的分析，選擇的廠商應首重「檢驗成果」的正確性及誠信，因A與C兩家服務品質不相上下的情況下，所以在「檢驗成果」的正確性上應屬為最適當的選擇因素。

B 與 C 比較表

	B 醫院	C 醫院
營運背景	私立	公立
檢驗儀器	簡單、數量少	齊全、數量多，共區分為： 1. 血液檢驗室。 2. 生化檢驗室。 3. 細菌培養室。 4. 血庫室。
檢驗人員	未表明	具醫檢師執照，並有二年以上經驗
檢驗儀器 （運作情形）	1. 無檢驗人員在現場操作儀器設備。（儀器停機狀況） 2. 現場有護士從事抽血工作。	1. 有一人從事細菌培養實驗。 2. 有一人從事生化分析工作。 （儀器運轉中）
其他	1. 勞工體檢與醫院病患檢驗分開，由不同人員、設備檢驗。 2. 非財團經營，保證對報告負責。	1. 勞工體檢與醫院病患檢驗由相同人員、設備檢驗。 2. 血液採集後以 4~8℃ 低溫送回院內。 3. 血液樣本於血庫低溫儲存半年，有疑慮時可對照分析。 4. 保證對報告負責，並承諾絕對不作假報告或通融員工作假。

㈤設施輔助

設施性的福利措施為員工日常生活所需，而由公司所提供相關服務的設施。

1.員工餐廳

餐旅業皆設置有員工餐廳，有的公司的員工餐廳甚至比一般餐廳設備齊全且裝潢美觀。除了免費提供員工用餐，有些還會提供下午茶及免費的飲料。其相關的管理作業如下所示：（參考表7-4）

表7-4　員工餐廳管理辦法範例

1.公司每日提供免費X餐，若需輪值大夜班者則可提供宵夜。

2.餐點由員工餐廳供應，本公司員工餐廳採X年對外徵求外包廠商。

3.本公司採自行印製員工用餐餐券，每一位員工於報到時、每月月底時向人力資源部領取餐券，其相關管理與點收程序如下：

　(1)每月25日，發給各單位每月餐券控制表，由單位依人力狀況填妥領取數量，並於每月29日起發放。

　(2)餐券之發放，應核對單位在職人數，領用數及繳回餐券之數量，以防止浮領超餐券，若有同仁舊餐券遺失者，需填寫一餐券遺失證明，由單位主管簽字後發放。

　(3)餐券統計表於餐券發放後，統一收齊保管，並製作總表一份（如表7-5所示）統計每月餐券發放之數量，並繳交影本至財務部存檔。

4.本公司員工餐廳採外包制，其每月用餐費用申請程序如下：

　(1)員工餐廳，依每張餐券XX元之費用，向人事訓練部請款。

　(2)每X日，由員工餐廳填具每日用餐費用，並附上餐券，由人力資源部核算無誤後，將每日餐費共X日份連同支票申請書，呈報人資主管簽核，再送總經理簽核之後，轉交財務部。

　(3)免洗餐具由公司每月固定補助XXX金額，並於每月月底由員工餐廳附上收據與餐費一併申請。

　(4)住宿舍員工，可向人資部購買餐券，填具餐券請購單（如表7-6所示），每張XX元由薪水中扣除。

表7-5　每月餐券統計表

每月餐券統計表

部門：＿＿＿＿＿＿＿＿＿

月份：＿＿＿＿＿＿＿＿＿　　　　查核人：＿＿＿＿＿＿＿＿＿

姓名	餐券記錄				
	領用數	退還數	公休天數	實際用數	備註

部門主管簽名：＿＿＿＿＿＿＿＿人資主辦人員簽名：＿＿＿＿＿＿＿

表7-6　餐券請購單

餐券請購單

茲因＿＿＿＿部＿＿＿＿同仁，購買員工餐券，共計＿＿＿張，

單價NT$＿＿＿合計新台幣＿仟＿佰＿拾＿元整(NT$＿＿＿)，

請於＿＿＿月份薪水中扣除上項費用。

請購人：＿＿＿＿＿＿＿＿＿

發放人：＿＿＿＿＿＿＿＿＿

人資主管：＿＿＿＿＿＿＿＿＿

中華民國＿＿＿年＿＿月＿＿日

2. 員工更衣室及休息區（如表7-7）

表7-7　員工更衣室管理辦法範例

---

1. 為配合穿著制服員工物品的放置，公司設有男女更衣室、休息區並附衛浴設備。

2. 員工於報到或調職，領取制服單時，人資部門一併分配一衣櫃供同仁使用。衣櫃的大小分配原則上採制服的「長短」而定。

3. 員工的衣櫃密碼應自己熟記號碼，不得輕易告知他人，亦不得私下轉移或對換，另不可自行外購密碼鎖裝上，違反者一律由公司剪掉並依公司管理辦法處置之。

4. 每一衣櫃附有號碼鎖頭一只，若有損壞，需將損壞鎖頭保留並向人資部門交換新鎖頭。未繳還者依遺失論，照規定扣薪。

5. 人資部門會作不定期的抽查，員工使用若違規者將受懲罰。

6. 個人貴重物品請隨身攜帶，勿擺放於更衣櫃內，若有遺失公司概不負責。並不得擺放易腐敗的食物，以免衍生衛生管理的問題及滋生蟲蠅、老鼠等。

7. 員工使用更衣櫃應共同保持其衛生整潔，私人物品一律收藏在個人更衣櫃內，不得吊掛於櫃外或其他任何場所。

8. 員工休息區應經常保持安靜，因全公司禁煙故不可在休息區、廁所內吸煙，並不得在休息區內打牌或聚賭，違反者則依公司管理辦法辦理。

9. 員工休息區的床位為大家共同使用，所以嚴格禁止放置個人物品（如枕頭、棉被或衣物等）占據床位，其使用的次序為「先到先行使用」，床邊嚴禁抽煙，違反者依公司管理辦法辦理，若因此而造成火災除一律開除外，另須負相關的刑事責任。

10. 員工休息區為公共場所，嚴禁裸露或作不當行為，不遵從者除禁止使用外仍須依公司管理辦法懲處。

11. 其他未盡事項，則由公司管理單位視實際需要增訂之，修改時亦同。

3. 員工宿舍（如表7-8～7-9）
表7-8　員工宿舍申請單

員工宿舍申請單＿＿年＿＿月＿＿日			
員工姓名		部門／單位	
申請日期		身份證字號	
戶籍地址／電話		緊急人簽名（關係／電話）	
遷入日期		房號	
管理人員簽名		備註	

部門主管簽字　　　　人事部主管簽字

表7-9　員工宿舍管理辦法範例

1. 設立目的：為解決遠地來台北工作的員工，在大台北地區地價昂貴及適當場所難尋的情況，公司設有男女宿舍。
2. 申請條件
   (1)需戶籍在桃園縣市以外的正職員工。
   (2)因工作時間特殊需要，須事先向人資部申請（申請書如表7-8所示）。
3. 費用：每月管理費NT$＿＿＿＿，以半個月為一計算單位。
4. 申請手續
   (1)員工需要申請宿舍時，須親自到人力資源部填表送單位主管簽字，待人資主管簽字後始可通知遷入。
   (2)宿舍設管理員，男、女生宿舍各設舍長一名，員工持住宿申請單，

　　請管理員、舍長安排協助遷入事項。

　　(3)舍長、管理員除保管鎖匙及值日生之安排外，並反映宿舍異常情
　　　　形，通知人力資源部處理。

5.宿舍設施

　　(1)公共方面：洗衣機、烘乾機、冰箱、電視、中央空調冷氣、電話
　　　　（投幣式）等。

　　(2)房間

　　　　❑ 每間房間有二張上下舖鐵床，共計四個床位。

　　　　❑ 衣櫃二個，每二人合用一個、書桌二張公用。

　　(3)私人保管物品：宿舍鐵門、房門鑰匙各一支、二層置物架一只等。
　　　　私人保管物品應於離職時繳還公司簽收。

6.宿舍管理規則

　　(1)個人錢財及貴重物品請隨身攜帶或至銀行開辦保險箱，勿隨意擺
　　　　放，若有遺失公司概不負責。

　　(2)房間內不得擺放易腐敗的食物，以免衍生衛生管理的問題。

　　(3)員工應遵守所有門禁規定，若需於規定時間外返回，應事先通知管
　　　　理員，並不得攜帶住宿舍以外的同事或朋友過夜，不遵從者除須立
　　　　即搬離宿舍外，並須依公司管理辦法懲處。

　　(4)宿舍內應經常保持安靜，吸煙者須至戶外或陽台上，並不得在宿舍
　　　　內打牌或聚賭，違反者則依公司管理辦法辦理。

　　(5)在宿舍內嚴禁使用大量電器煮食、並禁止在床邊抽煙、違反者依公
　　　　司管理辦法辦理；若因此而造成火災除一律開除外，另須負相關的
　　　　刑事責任。

第二節　勞工保險

　　勞工保險的實質意義：依據我國勞工保險條例的立法目的－為保障勞工生活，促進社會安全，特制定本條例。

(一)勞工保險的種類

　　勞工保險分下列二類：

1.**普通事故保險**：分生育、傷病、醫療、殘廢、失業、老年及死亡七種給付。

2.**職業災害保險**：分傷病、醫療、殘廢及死亡四種給付。

(二)勞工保險的主管機關

　　勞工保險之主管機關：在中央為行政院勞工委員會；在直轄市為直轄市政府。

(三)勞工保險的參加對象（強制保險之被保險人）

　　年滿十五歲以上，六十歲以下如下所列之勞工，應以其雇主或所屬團體、所屬機構為投保單位，全部參加勞工保險為被保險人：

1.受僱於僱用勞工五人以上之公、民營工廠、礦場、鹽場、農場、牧場、林場、茶場之產業勞工及交通、公用事業之員工。

2.受僱於僱用五人以上公司、行號之員工。

3.受僱於僱用五人以上之新聞、文化、公益及合作事業之員工。

4.依法不得參加公務人員保險或私立學校教職員保險之政府機關及公、私立學校之員工。

5.受僱從事漁業生產之勞動者。

6.在政府登記有案之職業訓練機構接受訓練者。

7.無一定雇主或自營作業而參加職業工會者。

8.無一定雇主或自營作業而參加漁會之甲類會員。

前項規定，於經主管機關認定其工作性質及環境無礙，身心健康之未滿十五歲勞工亦適用之。

前二項所稱勞工，包括在職之外國籍員工。

前條第一項第一款至第三款規定之勞工參加勞工保險後，其投保單位僱用勞工減至四人以下時，仍應繼續參加勞工保險。

㈣勞工保險的參加對象（自願參加保險）

下列人員得準用本條例之規定，參加勞工保險：

1.受僱於上條第一項各款規定各業以外之員工。

2.受僱於僱用未滿五人之上條第一項第一款至第三款規定各業之員工。

3.實際從事勞動之雇主。

4.參加海員總工會或船長公會為會員之外僱船員。

前項人員參加保險後，非依本條例規定，不得中途退保。

第一項第三款規定之雇主，應與其受僱員工，以同一投保單位參加勞工保險。

㈤勞工保險的參加對象（繼續參加勞工保險）

被保險人有下列情形之一者，得繼續參加勞工保險：

1.應徵召服兵役者。

2.派遣出國考察、研習或提供服務者。

3.因傷病請假致留職停薪，普通傷病未超過一年，職業災害未超過二年者。

4.在職勞工，年逾六十歲繼續工作者。

5.因案停職或被羈押，未經法院判決確定者。

㈥勞工保險費率的計算

1. 第三條第一項第一款至第六款及第四條第一項第一款至第三款規定
   之被保險人，其普通事故保險費由被保險人負擔「百分之二十」，
   投保單位負擔「百分之七十」，其餘「百分之十」，在省由中央政
   府全額補助，在直轄市由中央政府補助百分之五，直轄市由政府
   補助百分之五；職業災害保險費全部由投保單位負擔。

2. 無一定雇主或自營作業而參加職業工會者，其普通事故保險費及職
   業災害保險費，由被保險人負擔百分之六十，其餘百分之四十，
   在省由中央政府補助，在直轄市由直轄市政府補助。

3. 無一定雇主或自營作業而參加漁會之甲類會員，其普通事故保險費
   及職業災害保險費，由被保險人負擔百分之二十，其餘百分之八
   十，在省由中央政府補助，在直轄市由直轄市政府補助。

4. 參加海員總工會或船長公會為會員之外僱船員，其普通事故保險費
   及職業災害保險費，由被保險人負擔百分之八十，其餘百分之二
   十，在省由中央政府補助，在直轄市由直轄市政府補助。

5. 被保險人參加保險，年資合計滿十五年，被裁減資遣而自願繼續參
   加勞工保險者，由原投保單位為其辦理參加普通事故保險，至符
   合請領老年給付之日止。而其上文第五條中保險費由被保險人負
   擔百分之八十，其餘百分之二十，在省由中央政府補助，在直轄
   市由直轄市政府補助。

㈦勞工保險給付

1. **生育給付**：被保險人合於下列情形之一者，得請領生育給付
   ⑴參加保險滿二百八十日後分娩者。
   ⑵參加保險滿一百八十一日後早產者。
   ⑶參加保險滿八十四日後流產者。
   ⑷被保險人之配偶分娩、早產或流產者，比照前項規定辦理。

(5)生育給付標準，依下列各款辦理：

❑ 被保險人或其配偶分娩或早產者，按保險人平均月投保薪資
一次給與分娩費三十日，流產者減半給付。

❑ 被保險人分娩或早產者，除給與分娩費外，並按其平均月投
保薪資一次給與生育補助費三十日。

❑ 分娩或早產為雙生以上者，分娩費比例增給。

❑ 被保險人難產已申領住院診療給付者，不再給與分娩費。

2.傷病給付

(1)普通傷害：被保險人遭遇普通傷害或普通疾病住院診療，不能
工作，以致未能取得原有薪資，正在治療中者，自不能工作之
第四日起，發給普通傷害補助費或普通疾病補助費。
普通傷害補助費及普通疾病補助費，均按被保險人平均月投保
薪資半數發給，每半個月給付一次，以六個月為限。但傷病事
故前參加保險之年資合計已滿一年者，增加給付六個月。

(2)職業傷害補助：被保險人因執行職務而致傷害或職業病不能工
作，以致未能取得原有薪資，正在治療中者，自不能工作之第
四日起，發給職業傷害補償費或職業病補償費。職業傷害補償
費及職業病補償費，均按被保險人平均月投保薪資百分之七十
發給，每半個月給付一次；如經過一年尚未痊癒者，其職業傷
害或職業病補償費減為平均月投保薪資之半數，但以一年為
限。

3.醫療給付： 醫療給付分門診及住院診療。

4.殘廢給付： 被保險人因殘廢不能繼續從事工作，而同時具有請
領殘廢給付及老年給付條件者，得擇一請領殘廢給付或老年給
付。

(1)被保險人因普通傷害或罹患普通疾病，經治療終止後，如身體
遺存障害，適合殘廢給付標準表規定之項目，並經保險人自設

或特約醫院診斷為永久殘廢者，得按其平均月投保薪資，依同表規定之殘廢等級及給付標準，一次請領殘廢補助費。

⑵被保險人因職業傷害或罹患職業病，經治療終止後，如身體遺存障害，適合殘廢給付標準表規定之項目，並經保險人自設或特約醫院診斷為永久殘廢者，依同表規定之殘廢等級及給付標準，增給百分之五十，一次請領殘廢補償費。

5.老年給付

⑴被保險人合於左列規定之一者，得請領老年給付：

❑ 參加保險之年資合計滿一年，年滿六十歲或女性被保險人年滿五十五歲退職者。

❑ 參加保險之年資合計滿十五年，年滿五十五歲退職者。

❑ 在同一投保單位參加保險之年資合計滿二十五年退職者。

❑ 參加保險之年資合計滿二十五年，年滿五十歲退職者。

❑ 擔任經中央主管機關核定具有危險、堅強體力等特殊性質之工作合計滿五年，年滿五十五歲退職者。

⑵被保險人已領取老年給付者，不得再行參加勞工保險。

⑶保險金之計算

❑ 其保險年資合計每滿一年按其平均月投保薪資，發給一個月老年給付；其保險年資合計超過十五年者，其超過部分，每滿一年發給二個月老年給付。但最高以四十五個月為限，滿半年者以一年計。

❑ 被保險人年逾六十歲繼續工作者，其逾六十歲以後之保險年資最多以五年計，於退職時依第五十九條規定核給老年給付。但合併六十歲以前之老年給付，最高以五十個月為限。

6.死亡給付

⑴父母配偶子女死亡時之喪葬津貼：被保險人之父母、配偶或子女死亡時，依下列規定，請領喪葬津貼。

❑ 被保險人之父母、配偶死亡時，按其平均月投保薪資，發給

三個月。

❑ 被保險人之子女年滿十二歲死亡時，按其平均月投保薪資，發給二個半月。

❑ 被保險人之子女未滿十二歲死亡時，按其平均月投保薪資，發給一個半月。

(2)被保險人死亡：被保險人死亡時，按其平均月投保薪資，給與喪葬津貼五個月。遺有配偶、子女及父母、祖父母或專受其扶養之孫子女及兄弟、姊妹者，並給與遺屬津貼；其支給標準，依下列規定：

❑ 參加保險年資合計未滿一年者，按被保險人平均月投保薪資，一次發給十個月遺屬津貼。

❑ 參加保險年資合計已滿一年而未滿二年者，按被保險人平均月投保薪資，一次發給二十個月遺屬津貼。

❑ 參加保險年資合計已滿二年者，按被保險人平均月投保薪資，一次發給三十個月遺屬津貼。

❑ 被保險人因職業傷害或罹患職業病而致死亡者。不論其保險年資，除按其平均月投保薪資，一次發給喪葬津貼五個月外，遺有配偶、子女及父母、祖父母或專受其扶養之孫子女及兄弟、姊妹者，並給與遺屬津貼四十個月。

備註：1.被保險人死亡前請領殘廢給付或老年給付，無遺屬者，按被保險人平均月投保薪資給與負責埋葬人十個月喪葬津貼。

2.依前項規定領取老年給付者，不得再依死亡給付之規定請領任何喪葬津貼及遺屬津貼。

專欄7-2

千保萬保最好什麼都保嗎？

張三是餐廳的廚師，在前往上班的途中遭後行的汽車撞傷，送醫後還好只是骨折，經醫師開刀後診斷僅需回家「靜養」二個月即可，但張三的心裡真是七上八下的，因為如果二個月沒有收入，老婆和二個小孩的生活費及學費該怎麼辦呢？工作的保障又如何？真是天降橫禍！還好警方的車禍鑑定及公司出具證明，張三為上下班必經途中的交通事故，而且此事故非出於勞工私人行為而違反法令者，於法認定為「職業災害」。除依法可請領勞工保險給付的職業災害補償費外，不足的部分可由雇主或雇主為勞工投保商業保險者支付之，另仍不足的部分也應由公司來補足。且因為其為「職業災害」治療中，公司不可單向解除勞動契約，除非勞工因職災殘障無法繼續工作時，雇主可強制退休。如此一來，工作權也保住了！

阿玲阿姨的家境一直不理想，所以雖然已經六十幾歲了，為了家計也只好拋頭露面的在餐廳洗碗，有一個晚上阿玲阿姨先搭車到大市場買菜，提著大包小包的搭公車回家，但怎知突然覺得不舒服，便暈倒在公車上，經公車司機將其載到附近的教學醫院，醫師緊急為其開刀，發現為腦溢血！但是阿玲阿姨早在二年前就領過勞保的「老年給付」，勞保局無法支付任何費用，還好公司為其投保了「人壽」及「醫療」的團體保險，才為了阿玲阿姨解決了目前的困境！

麗麗因最近工作十分忙碌，三個月來連續感冒了十次，健保卡都看到F卡了，而且排便也不是十分順利，最後在先生的堅持下到大型的教學醫院檢查，原來自己已經罹患大腸癌第二期，經主治醫師堅持開刀後，雖將部分染癌處切除，但後續的化學治療和物理治

療才要開始，醫療費用雖有健保給付，但住院及許多藥劑都要自費，讓家境中等的麗麗已經感受到經濟的壓力，也非常後悔沒有趁年輕時多買些保險，更埋怨公司並不像其他大公司一樣有完備的「團體保險」，來保障員工的福祉及防止突如其來的病痛。

以上三個案例雖然每一個人的際遇都不相同，但是在第一及第二個案例中，員工與雇主並無發生勞資糾紛的最重要原因，是因為公司已經為員工投保了團體保險，當員工發生意外或生病時，依投保的內容向保險公司申請給付，來支付員工相關的法律責任費用，更降低公司營運的風險。雖然第三例中公司未違法但卻缺乏安排照顧員工福利的遠見，而徒增員工對公司的怨尤。

如何依公司的特性（如行業的特殊性及危險性等因素）、同業提供條件的比較、整體福利政策、員工的特質（如年齡層、家庭背景、責任的輕重等因素）及員工的真正需求等重要條件，再加上公司營運成本的考量，請專業的團體保險公司規劃，為公司量身訂做一整套的團體保險。

以下是說明人資主管在評估各家團體保險公司時，除總體報價的數字比較外，更要仔細閱讀契約的內容及各項條件的內文比較，試著選出以有限的預算為公司及員工爭取到最大的保障。

1. 壽險：保障被保險人於保險有效期間內，發生全殘或死亡時依照保險契約的約定給付保險金予指定受益人。

   此部分的規劃可考慮以員工日後的退休及遺屬撫恤，所以投保金額建議為員工基本月薪的三十倍以上。

2. 意外傷害險：保障被保險人於保險有效期間內，因遭受意外傷害事故，致使身體蒙受傷害而致殘廢或死亡時，依照保險契約的約定給付保險金予指定受益人。

   此部分的規劃可考慮以員工日後的退休及遺屬撫恤，所以投保金

額建議為員工基本月薪的三十倍以上。

3. 醫療險：保障被保險人於保險有效期間內，因疾病或意外傷害，因而所引發的併發症，經醫師或醫院診斷必須住院醫療時，給付被保險人的醫療保險金。

此部分的規劃為因應勞健保所支付的有限醫療項目，使員工於疾病期間安心療養為主要目的，並無所謂法令上的支出，所以投保項目及金額並無一定的標準，全憑主事者對員工照顧的心意。一般公司所投保的項目為：

(1)病房膳食費用：此為勞健保未給付的部分，多採用每日給付制，金額的多寡則建議為2000～5000之間。

(2)加護病房膳食費用：此為勞健保未給付的部分，多採用每日給付制，並規範有限的期間，金額的多寡則建議為4000～8000之間。

(3)住院醫療費用：此為補助因疾病而衍生的住院醫療費用，多採用每次給付制，金額的多寡則建議為20000～60000間。

(4)外科手術費用：為補助因手術而衍生的醫療費用，多採用每次給付制，金額的多寡則建議為20000～60000之間。

(5)醫師診察費用：此為補助因疾病而衍生的醫療費用，多採用每日給付制，金額的多寡則建議為1000～3000之間。

(6)轉換日額費用：此為因應部分員工自有保險的情況下，無其他給付可支付，可將住院的補助採日額制，金額的多寡則建議為2000～5000之間。

4. 癌症險：根據九十二年六月行政院衛生署資料統計，癌症已連續21年高居國人十大死因首位，臺灣每4人就有1人罹患癌症，每16分39秒就有1人死於癌症，每1天有86人死於癌症。一般人一旦罹患重病，有全民健保真的就足夠了嗎？依據臺灣各大醫院提供的

主要癌症治療費用，還有高貴藥材、病房費差額、看護費、指定醫師費、血液費等九大項二十五小項需要由自己自費給付。所以目前許多大型企業皆有為員工或員工眷屬規劃相關的癌症保險，一般公司行號所投保的項目多為：

(1)癌症住院醫療保險金：經醫院檢查確定因罹患癌症必須住院，多採用每日給付制，金額多寡則建議為1000～4000間。

(2)癌症在家休養保險金：經醫院檢查確定因罹患癌症必須住院後，出院在家療養，多採用每日給付制，並規範有限的期間，金額的多寡則建議為1000～4000之間。

(3)癌症外科手術保險金：經醫院檢查確定因罹患癌症必須接受手術治療，多採用每次給付制，金額的多寡則建議為20000～60000之間。

(4)癌症門診醫療保險金：經醫院檢查確定因罹患癌症未住院而接受門診治療，多採用每日給付制，並規範有限的期間，金額的多寡則建議為1000～4000之間。

(5)癌症放射線醫療保險金：經醫院檢查確定因罹患癌症必須住院後，出院繼續接受放射線治療，並規範有限的期間，金額的多寡則建議為1000～4000之間。

(6)癌症化學治療醫療保險金：經醫院檢查確定因罹患癌症必須住院後，出院繼續接受化學治療，並規範有限的期間，金額的多寡則建議為1000～4000之間。

5.團體職業傷害保險：為保障員工因職業災害所致死亡、殘廢、傷病或喪失原有工作能力時，彌補勞基法規定企業主應付責任之勞保保障不足部分的團體傷害保險。所以目前許多大型企業為分散經營風險，多數投保此項團體保險，一般公司行號所投保的項目多為：

(1)身故保險金：員工因遭受職業災害而致死，保險公司依照員工
投保的「平均月投保薪資」與「勞工保險月投保薪資」的差額
之四十五倍金額給付「身故保險金」。

(2)所得補償保險金：員工因遭受職業災害於醫療期間無法工作，
未能領取原有薪資，且符合勞工保險傷病給付標準時，保險公
司依照員工投保的「平均月投保薪資」與「勞工保險月投保薪
資」的差額，每月給付「所得補償保險金」，最長以二年為
限。

(3)殘廢保險金：員工因遭受職業災害經醫療終止後，經勞保局審
定身體遺存殘廢並給於殘廢給付者，保險公司依照員工投保的
「平均月投保薪資」與「勞工保險月投保薪資」的差額，依照
審定的殘廢等級給付「殘廢保險金」。

(4)喪失工作能力保險金：員工因遭受職業災害經醫療期滿兩年仍
未能痊癒時，經指定醫院診斷審定喪失原有工作能力，且不符
合勞保局審定的殘廢保險的標準，保險公司依照員工投保的
「平均月投保薪資」四十倍金額的「喪失工作能力保險金」。

備註：職業災害的定義是指被保險人因就業場所的建築物、設備、
原料、材料、化學物品、氣體、蒸氣、粉塵等作業活動及其
他職業上之原因等，經勞保局審定為職業災害事故。

第三節　退休與撫卹

一、退休

㈠意義

員工在企業工作已經達到一定年限而不願繼續留任者,或是因傷殘而無法勝任工作,或是年齡已經達到法規規定的上限等因素,企業雇主依照法律准予退休,並給予法規所規範的退休金(或優於法規),一方面感謝員工多年的辛苦貢獻,另一方面則是照顧其餘年,避免造成社會問題。

㈡我國退休的分類

1.自行申請退休

⑴年滿五十五歲者且服務年資滿十五年以上者。

⑵連續於同一公司工作滿二十五年以上者。

本條中所稱服務年資,自員工正式報到就職日起,至退休、退職日止,在公司服務期間,未滿六個月者以半年計,滿六個月未滿一年則以一年計。員工的年齡認定,以中華民國國民身份證記載之出生年月日為準,計算至核准退休、退職生效之日為止,為期間之實足年齡。

2.強制退休

⑴員工年滿六十歲者。

⑵心神喪失或身體殘廢不堪勝任工作者。

　　第一條所規定年齡，對於擔任具有危險或堅強體力等特殊性質之工作者，得由企業報請中央主管機關予以調整，但不得少於五十五歲。

　　強制退休之員工，其心神喪失或身體殘廢係因公所致者，除依勞基法規計算退休金外，另加給百分之二十。本條中所稱因公而致心神喪失或身體殘廢及死亡者，適於下列情況：

　　⑴因執行職務發生危險所致。

　　⑵因出差遭遇危險所致。

　　⑶在工作處所遭受不可抗拒之危險所致者。

㈢餐旅業退休金的給付標準

1. 勞基法實施前（民國八十七年二月二十八日以前）之年資，其給付標準依各家公司自訂辦法。

2. 勞基法適用以後年資或基數計算

　　⑴按員工工作年資，每滿一年給與兩個基數。但超過十五年之工作年資，每滿一年給與一個基數，最高給付以不超過四十五個基數為限。未滿半年者以半年計；滿半年者以一年計。

　　⑵退休金基數的標準，是指核准退休時一個月平均工資。

3. 合計適用前後最高給付以不超過四十五個基數為限。

㈣我國退休金的籌措

1.勞基法規定

　　⑴企業為支付員工退休金，應提撥勞工退休準備金，專戶存於中央信託局，並不得讓與、扣押、抵銷或擔保。

　　⑵退休金之給與，於核准或強制退休並辦妥離職移交手續後三十日內一次給付之。但如本公司發生財務困難，無法一次發給時，得報請主管機關核定後分期給付。

2.商業保險

第二節中勞工保險的老年給付,也是一種退休金;另有部分大型企業為照顧員工並分攤公司因應員工之退休、撫卹、職業災害等經營風險,為員工投保人壽保險的各項團體保險（參考上節團體保險內容）,此項保險多數為雇主自行負擔所有費用,也有少數公司會請員工自行負擔部分費用,但給付時須扣除員工自負部分的比率。

二、撫卹

(一)意義

企業在其員工死亡後,給予其遺屬金錢的一種實質上的照顧,以保障其基本生活,用以感謝員工對企業多年來的努力貢獻。

(二)現行撫卹的分類

1.公務人員

(1)我國公務人員撫卹法是目前最完整且行之多年的法規,其主要目的為保障公務人員遺族所得,加強安老卹孤。

(2)公務人員有下列情形之一者,給與遺族撫卹金:

❑ 病故或意外死亡者。

❑ 因公死亡者。

(3)前條第一款人員撫卹金之給與如下:

❑ 任職未滿十五年者,給與一次撫卹金,不另發年撫卹金。任職每滿一年,給與一個半基數,尾數未滿六個月者,給與一個基數,滿六個月以上者,以一年計。

❑ 任職十五年以上者,除每年給與五個基數之年撫卹金外,其任職滿十五年者,另給與十五個基數之一次撫卹金,以後每增一年加給半個基數,尾數未滿六個月者不計;滿六個月以

上者以一年計，最高給與二十五個基數。

☐ 基數之計算，以公務人員最後在職時之本俸加一倍為準。年撫卹金基數應隨同在職同等級公務人員本俸調整支給之。

2.勞基法規定

⑴目前我國勞基法雖然沒有勞工撫卹的相關規定，但勞工因遭遇職業災害而致死亡、殘廢、傷害或疾病時，依所列規定予以補償。但如同一事故依勞工保險條例（被保險人死亡的遺屬津貼）或其他法令規定（商業保險），企業已經支付費用補償者，企業得予以抵充之。

⑵其中勞保被保險人因職業傷害或罹患職業病而致死亡者。不論其保險年資，除按其平均月投保薪資，一次發給喪葬津貼五個月外，遺有配偶、子女及父母、祖父母或專受其扶養之孫子女及兄弟、姊妹者，並給與遺屬津貼四十個月。其遺屬受領死亡補償之順位如下：

☐ 配偶及其子女。

☐ 父母。

☐ 祖父母。

☐ 孫子女。

☐ 兄弟姐妹。

3.餐旅業工作規則範例

⑴本公司員工如非因遭受職業災害而在職死亡者，本公司代向勞保局申請喪葬津貼及遺屬津貼，並發放員工X個月所得之遺族撫卹金。

⑵死亡員工如無遺屬時，得由其服務部門向人力資源部申報，由公司指派人員代為安葬。

第四節　各項獎金的設定

一、意義

獎金制度是對於達成企業評估標準，如高生產力、低不良率的員工給予金錢獎勵，又稱為獎工制度(Incentive-wage System)。在此制度運作下，企業是以高生產力所創造的盈餘來支付獎金，使員工所得的高低可以與企業相結合；當員工生產力下降的時候，獎金支出也隨之下降，則有利於企業控制用人費用。

二、獎金制度的內涵

所有的獎金制度都應包含兩個主要項目：

㈠達成此項獎金的作業標準。

㈡獎金及報酬的數量標準。

目前一般企業所設計的獎金制度有：

1. 個人獎金。
2. 表彰辦法。
3. 一筆給付。
4. 利潤分享。
5. 團體獎金。
6. 盈餘獎金。
7. 長期獎金。

三、目前餐旅業界常用的獎金制度介紹

㈠績效調薪

依前一年度之績效評核結果調薪，調整比率一般約為全薪2～5%。（請參閱第六章薪資管理作業及第八章績效評估）

㈡物價調薪

每年七月時考量物價上漲狀況、當年度公務人員薪資調整及同業給付趨勢水準作調整，約為500～1000元（1998～2002）。

㈢全勤獎金

為獎勵員工於當月份準時上下班，未有因遲到、請假（或以季、年度來計算），延誤或降低生產力的情況，獎金的發放多為每月1000～3000元。有些公司則不主張發放全勤獎金（詳見本章問題與討論）。

㈣個人表彰

餐旅業因為服務業所以特別重視服務品質，多數公司會有優良員工或是服務品質特優人員的選拔辦法及相關的獎勵措施（詳見表7-10優良員工選拔範例）。

表7-10 優良員工選拔辦法範例

(一)目的：為獎勵旅館餐廳員工敬業樂群之服務工作態度特訂定本規章。

(二)優良員工選拔時間：優良員工選拔每六個月舉辦一次。

(三)資格：本公司員工皆具有候選資格，其基本條件如下

　1.服務年資滿一年以上正式任用之員工。（部分工時及契約性員工則不適用此規章）

　2.選舉時間半年內出勤正常，無遲到、早退、遺漏刷卡等不良出勤記錄者。

　3.有以下特殊優良事蹟者

　　(1)曾得到過國內外政府機關所頒發的服務類或技職類的獎項者。

　　(2)擔任部門訓練人員且表現優良者。

　　(3)曾經代表公司比賽並得過優良獎項者。

　　(4)部門表現優異且有獎勵紀錄者。

　　(5)其他優良事蹟。

(四)選拔流程

　1.優良員工之推薦得由各部門員工相互推舉，經總經理核准後參與競選。

　2.人資部門應就候選者審查其資格。

　3.人資部門應彙整所有候選者資料，並召集優良員工評選會，由總經理及各部門主管共同評選之。

　4.經當選的優良員工發給獎狀乙紙，獎金6,000元，並於公布欄公布其優良事蹟。（請自行訂定）

(五)附則

　本規章經總經理核准後公布實施，修正時亦同。

(五)績效獎金

　　每月、季獲年度營業單位人員依照公司所訂生產及業績標準決定，達成既定目標時發放不等獎金（詳見表7-11績效獎金制訂標準範例）。

表7-11 績效獎金核發辦法範例

第一條：制定目的
　　為鼓勵本公司員工各盡職守，發揮同心協力之精神，提升工作效率，以達成既定營業目標並共創豐富利潤，特訂定本辦法。

第二條：適用範圍
　　本辦法適用於本公司所有正式員工，部分工時及契約性員工則不適用。

第三條：管理單位
　　人力資源部為本辦法的管理者。

第四條：盈收目標
　　本公司績效獎金核發之標準，係依照每半年盈餘目標達成狀況，按下列規定辦理。

備註：盈餘目標係指本公司稅前之盈餘收入目標超過盈收目標，依實計畫規
　　　劃之達成金額發放作為績效獎金。

第五條：核計標準
　　本公司績效獎金的計算標準：
1. 個人績效獎金＝績效獎金總額×半年考績變數×年資變數
2. 考績變數：依職工之年度考績評定，給予下列考績變數：
　(1)年度考績評定優等者，考績變數＝1.5。
　(2)年度考績評定甲等者，考績變數＝1.25。
　(3)年度考績評定乙等者，考績變數＝1.0。（乙等以下不列入計算獎金）
3. 年資變數
　(1)滿半年者以定額1計算。
　(2)未滿半年者，依其任職月份比例計算。
　(3)發放前中途離職者不予計算。

第六條：核發時間
　　本公司績效獎金之核發，在每年七月十五日及一月十五日。

第七條：核發流程
　(1)人力資源部依照人事動態核計每人發放之比例。
　(2)財務部依照盈餘狀況，按比例計算各人應發給金額。
　(3)呈請總經理核可後，按規定發給之。

第八條：注意事項
　(1)盈餘目標於每年預算送董事會核定後，依所核定之盈餘目標為本辦法之
　　　盈餘目標標準。
　(2)績效獎金之核計以元為單位，不足部分以四捨五入方式計算。

第九條：制修廢
　　本辦法呈請總經理公告後實施；修改、廢止時亦同。

㈥年終獎金

每年年終時為獎勵員工一年來的辛苦，多數企業將會核計該年度公司營運狀況，而多數會結合年終考核而核發一定數額的獎金給予員工。也有外商企業將其納入年薪制，採固定年薪13～14月之間。另也有公司會規劃不固定的年終獎金，也是所謂的年終分紅(Year End Bonus)。（詳見表7-12年終獎金核發標準範例）

表7-12　年終獎金核發辦法範例

第一條：制訂目的
　　　將公司「年終獎金」發放作業予以制度化，並達到公平、公正、公開之原則，以獎勵員工對公司之貢獻，特訂定本辦法。
第二條：適用範圍
　　1.凡隸屬本公司編制內人員之年終獎金核發，悉適用於本辦法所規範的體制。
　　2.部分工時人員、約聘人員、顧問等人員的年終獎金核發標準，另行訂定公告。
第三條：核發標準
　　1.所有員工年資滿一年以上，一律以一個月計算（年薪以十三個月計）；滿三個月而未滿一年者則以到職月分比率計算；未滿三個月的新進人員則發放紅包。
　　2.紅利點數部分（依各營業部門當年度營業獲利狀況作適當的調整）
　　　⑴年資：依每位員工的到職年資給予不同的點數標準。
　　　⑵職務：依每位員工擔任的不同職務給予不同的點數標準。
　　　⑶考核（當年度工作績效）：依每位員工當年度的考核（工作表現）給予不同的點數標準。
第四條：核發限制
　　　如有下列情形之一者，年終獎金不予發放或發放部分。
　　1.中途辭職或遭解僱者。
　　2.該年度留職停薪者則依照在職期間按照比例核計。
　　3.遭資遣者。
第五條：注意事項
　　1.本公司每年度之年終獎金，於農曆春節前一週內發放，但其另有約定或董事會另行決議者不在此限。
　　2.年終獎金之核計以元為單位，不足部分以四捨五入方式計算。
第六條：制定、修改、廢止
　　　本辦法呈請董事會公告後實施；修改、廢止時亦同。

㈦分紅獎金

目前許多觀光旅館採利潤中心制(Profit Center System)，即為每一個營業部門為一利潤計算中心，有盈餘者則將稅後盈餘5%～10%以一套標準或平均分配的方法，分給所有合乎領取的員工。

㈧計件獎金

為落實全民皆是公司最大的業務銷售人員，許多餐旅業者將年度的許多特別銷售方案，以計件論酬的方式鼓勵員工多爭取業績。如前一陣子因應SARS的風暴，許多餐旅業推出許多促銷專案或餐券販賣，許多員工有一定的額度需要促銷，若達成目標者則給予獎金。

㈨提案獎金

凡員工提出可以增加銷售或節省成本的改善方案，公司將酌發獎金以資鼓勵。如由1000元至5000元不等，或若能節省金額超過10萬以上，提撥其節省金額之5%～10%作為獎金。

 專欄7-3

獎工的發展

《編按》

由於社會經濟的變遷，專業分工愈來愈細，在凡事講求成果的現今工作職場，我們已漸漸忽略了「分工是為了合作」的本意，而演變成各立門戶、溝通不良等典型反績效文化，而迫使管理階層必須重新確實作績效評估及賞罰訂定。獎工策略是可以滿足事業體及員工需求的新趨勢。

傳統獎工辦法，最典型的代表就是調薪，而調薪制度最大的因素，就是調薪預算與調薪幅度原則性的需求無法配合。例如：最低

幅度必須不少於3%，最佳績效員工的調幅應該是平均績效員工的兩倍，以及各不同績效水平之間，如優、良、可等，調幅差異也應該不少於3%以示顯著。

但是，如果調薪預算有限，為了維繫傑出表現的員工，調幅不致過低，就必須減少其它員工的調薪預算，包括降低調幅或是減少受調整員工人數以做為代價。在這種情形下，會影響團隊的士氣，進而降低內在滿足。由於底薪的逐年增加，容易產生累積效應，是故，獎工慢慢衍生，它可順應業務浮沉，只有當員工超越正常績效，產生超額盈餘時，方才發放，因此不但有彈性，而且無固定成本壓力，在員工整體待遇中，所占比重愈來愈大，蔚為薪資給付的新趨勢。

也有觀點認為，根據傳統工作分析與評價制度，所建立的職務給薪辦法，並不足以反映個人在技術、知識及能力上的全面潛能，因此，另闢獎工制度，多方面開發員工內涵，當使員工與組織雙方獲益。

結論與建議分析：

◎傳統獎工

事實上，嚴格的講任何薪資給付項目中，都具有獎工的精神，調薪亦是激勵員工超越正常績效水平的一種獎工制度，只不過，調薪作業，多年來逐漸發展成固定形式，這其中與生活水平的逐年上漲，有相當密切的關係。

此外，傳統績效調薪的激勵方法，其中的利與不利之處如下

有利之處：

1.作為導正員工行為的工具。

2.作為績效導引的方法。

(1)先有堅實的薪資釐訂架構，因此必須先做工作分析、說明、評

價並隨時更新。

(2)經理人員肯花時間做績效評估。

(3)績效標準明確,可以經由簡單不超過三項以上的指標度量,並能在員工本人或團體的掌控之下。

(4)徹底遵守績效評估的周期。

(5)管理人員必須對績效管理及調薪評估負責。

(6)員工認為績效管理制度具公平性。

不利之處:

1.管理階層必須確實重視績效及賞罰,不可空言。

2.有能力逐年調整本薪、累積成本不會構成事業的負擔。

◎未來獎工

　　既然傳統獎工辦法,歷經社會經濟的變遷,已不太適合當前環境的需要,根據美國的情形,在非業務、非高級主管的職域內,獎工的採用方興未艾。

　　為了滿足個別組織與員工的需求,事業單位紛紛研發出許多獎工策略及辦法,儘管其中各有變化,但其主旨都在強調績效、著重成果分享;此與傳統調薪辦法重視獎勵,但較少兼顧成本效益觀點,有所不同。事實上,多數事業機構還會同時採用一套以上的獎工辦法,茲將前七項列於下:

1.個人獎工。

2.褒獎計畫。

3.利潤分享。

4.長期獎工。

5.一筆給付。

6.團體獎工。

7.盈餘獎工。

　　以上所列舉的各種獎工計畫，都有其始源，例如利潤分享或團體獎工，採行歷史約有五十年，只是在理念的宣揚上，傳統獎工以分享利潤為主導，未來獎工將慢慢發展成一種績效文化，利潤或盈餘只是績效文化的成果，並不是原因。換言之，以財務觀點來看，傳統獎工較重視成本節樽，未來獎工強調盈餘分享；傳統獎工將由公司主導，未來獎工將樂見勞方參與。

◎未來獎工的宏觀價值

　　獎工計畫自傳統走向未來，日趨精進宏觀成因如下：

1. 可以順應外在業界的變遷，隨時制訂、修正、調整組織策略，而獎工計畫不與底薪發生關聯，進退機動性大，可變異性高。

2. 整體商情已由傳統的廠內製造導向，走向廠外業務導向，低成本並非唯一優勢選擇。

3. 營運方針已經不再基礎於「歷史資料」轉而取決於仿當前之「業務目標」。

4. 消費者意識抬頭，品質要求水平愈來愈高，重量不重質的傳統態度已被重質也重量的前瞻趨勢所取代。

5. 全球經濟整合走向銳不可擋，競爭性愈強，客戶滿意度愈形重要。

6. 科技的突飛猛進使產業躍進式「轉型」或「更新」的需求，已經取代傳統式「循序漸進」，必須快速提升績效水平。

7. 有生產力不見得就有盈餘，必須將二者以獎工有效連結。

　　因此，事業機構當視其人力規劃策略，發展獎工計畫，刻不容緩。

資料來源：文化大學—文化交流道第54期，作者：羅業勤，文化大學勞工研究所副教授。

第五節　問題與討論

一、個案

全勤獎金在美麗觀光旅館已經實施五年以上，當初的立意是為了鼓勵許多準時上下班的員工而設立的。但是這五年多來卻衍生了許多考勤及管理不公的問題，如代替別人打卡、偷打卡、偷改上下班時間或是故意不打卡請主管代簽等等問題，人資部門為杜絕此漏洞並維護考勤的公平性，無所不用其極，包括站崗、裝設錄影設備、將打卡鐘改為電腦刷卡、抽查班表及出勤卡，但始終無法真正杜絕弊端的產生。而在一次旅館人事月會人資經理聽聞別家旅館並無所謂的全勤獎金，為了整頓此弊端總經理批准人資主管的簽呈，將於明年度停止核發公司實施已久的全勤獎金，不料消息尚未公布即有員工投書勞工局，指出公司有減薪之行動。人資主管一方面忙著安撫人心士氣，一方面又得向勞工局解釋清楚。

二、個案分析

此案例說明了獎工制度設計的重要性，雖然有許多制度當初的立意十分的好，但到最後卻衍生了管理的困難甚至引發勞資糾紛，真是不可不慎重其事。

餐旅業的所有外場員工都是排班制，員工是否準時出勤會直接影響服務品質及現場管理，所以業者多半設有「全勤獎金」的制度。但也如同上例的狀況，使得許多弊端卻因此而發生，再加上許多公司將全勤與

考績又劃上等號，而許多員工因錢的關係而做假紀錄，使得老實請假或依照規定打卡的員工吃了許多悶虧。事實上，每一位員工都有可能因事而延誤上班或請假，如此就認定其工作績效不佳，也未免失之公平，筆者曾見過終年未遲到及未請假的員工，打卡後即休息、抽煙、摸魚等，從未準時出現在現場，如此員工卻要公司頒發全勤獎金，真是天理何在。

按照勞基法法規的解釋，組織的工資包括以下二類：

1. 經常性薪資是指受僱員工每月的本薪及按月給付的固定津貼與獎金。

2. 非經常性薪資則再含加班費、年終獎金、非按月發放的績效及「全勤獎金」等，二者合計為平均薪資。

另針對「全勤獎金」的相關規定只限於雇主不得因勞工請婚假、喪假、公傷病假及公假，扣發全勤獎金。

所以針對以上案例的實際狀況分析，解決方案有二：

1. 既然不發「全勤獎金」未違法，雇主可以將其相關獎金撥發其他用途，如優良員工選拔中加入全勤的考慮因素，以鼓舞準時出勤的「好」員工。或是增加員工福利項目，以避免讓員工對公司有「減薪」之疑慮，究竟已經在荷包的東西被強行拿走，員工的心態多少是無法平衡的。

2. 加強考勤的考核，嚴懲代打卡及作假出勤記錄者，另嚴格規定主管簽核忘記打卡的次數，或是加強未打卡的規定，使員工不再心存僥倖。究竟人資管理的態度及嚴格程度將會影響所有制度的推行，不得不堅持。

維持勞資雙方關係的良好互動是人資的主要角色，凡事要站在雙方的立場多考慮，公平、公正、公開的原則要秉持住，才有辦法扮演好人資主管的角色。

三、問題與討論

　　超級觀光旅館因為今年度SARS的影響下，餐飲部的生意下滑五成之多，業務部門及總經理秘密通過員工銷售公司餐券的方案，每一個員工配額3000元，主管級以上5000元，如果未如期賣出則以直接將其未達成的金額由員工每月薪資中扣除。此一方案推出引發員工大聲撻伐，且直接告上勞工局，勞工局並派員至公司作內部調查。請問如果你是人資主管你該如何應對此一內外夾攻的困境？

第八章

績效評估

　　績效評估(Performance Appraisal)是指企業有一套正式、結構完整的制度，用來衡量及評估對所屬員工的工作表現、行為及結果等，以瞭解未來員工是否能有更好的表現，來期望員工與組織均能獲益 (Schuler, 1995)。

　　餐旅業是隸屬於服務業，因其員工的生產力及服務水平與一般產業有著極大的差異性，所以自有一套員工績效的評估制度，通常餐旅業以每年舉辦一次的員工績效評估作業為原則，稱為「年度工作績效考評作業」。

　　對員工與企業而言，一份具有公平、公正、公開的有效績效管理制度，具有讓員工在組織長期性發展及獲得工作的最大滿足感，並以有效達成組織目標為目的。在人力資源的管理上，績效評估占有決定性的一環，若無法有效運用，將嚴重影響整體組織管理的公平性。餐旅業因具有其他產業不同的評估型態，故在制訂內容與相關的管理有其不同的特性，以下分節解釋及說明。

第一節　績效評估的重要性

　　餐旅業員工績效評估，可以使主管有一套客觀的制度來辨識員工在平時工作表現上的優、缺點，另外績效評估的結果也可以用來作員工任用的資格及條件、訓練的成果驗收及員工生涯規劃的依據等，所以績效評估是人資管理運作上的最有利制度，也是員工最重視的一環，因為它可以說是員工表現的認同，也關係到員工的收入及未來升遷的動向依據。

　　所以綜合各家說法，績效評估的重要性有：

1. 績效評估制度的設定需要有一定程度的公平性，以期能真正激勵員工並取得員工對績效評估的認同。

2.提供一個雙向溝通的途徑讓主管與員工討論彼此對工作成效的方式及標準。

3.績效評估與其他的許多管理制度的結合，如工作績效、獎懲、出勤、訓練成果及未來的生涯規劃等。

4.績效評估必須有一套有效的激勵或獎勵物，如績效獎金、年終考核、調薪及升遷等實質的措施。

 專欄 8-1

一場永無平息的戰爭—績效考核及評估

李四最近心情一直十分鬱悶，因為年底的考核即將開始，往年的同一時期卻是他最快樂的日子，但今年因為他的部門主管換人了，而換的是一直與他不和的張經理，而張經理從未對他工作上的優缺點說過甚麼，這一點尤其讓他害怕，因為他真的不知道張經理內心到底在想甚麼？

李玲玲是房務部的房務員，與吳珊是同一時期進入公司的，兩人在工作上的表現也是不分軒輊，但是此次考核後吳珊居然調薪比她高出500元，李玲玲真的很不服氣也不知道要向誰反應，但是卻與吳珊從此以後形同陌路不再講話，讓領班十分頭痛！

黃小白是廚房的廚師，以往不是遲到就是常常請假，可是自從十月份開始卻每天早到而且也不請假了，同事覺得好奇怪正在高興他是不是轉性了，老洪卻潑了大家一盆冷水，他說每年的「同一時期」都是他轉性的時候，因為他們的主管開始要打考核了！

王一是業務部的新任經理，因為他業務行銷能力十分強所以才被提升為經理，但是公司卻未對他的管理能力加以訓練，以致此次考核過後公司收到許多黑函檢舉他考核不公，甚至收受員工不當的款待及送禮，使得公司不得不出面處理！

　　每一年度年底的大事就是員工的績效考核，因為換言之就是調薪的日子近了，所以所有的人包括員工、幹部及主管大家都非常慎重其事，深怕一個不小心犯了甚麼錯就毀了一次調薪的機會！

　　以上四個案例各有不同的際遇，但都透露了一件重要的訊息，「績效評估」對於員工及組織的重要性，所以一個有效的績效評估制度，需要人資主管妥善的規劃並精心的設計，最重要的是要徹底執行並落實於平日的工作績效記錄，而非考核時期到了才要來記錄員工的平日表現，或是依照主管近期的印象或記憶來評量員工，這都是造成考核不公的許多因素。每一家公司都必須針對幹部及主管加強其考核及面談能力，如有必要可每年定期辦理「員工考核研習營」，如此一來不但讓員工充分瞭解公司對此制度的重視程度，更趁機讓人資主管逐年檢視公司的考核制度及相關的表格是否合宜或是要進行修改，也可以讓部門主管利用機會充分與其幹部溝通對工作的標準及目標，真可謂一舉數得。

第二節　各項員工考核方法的分析

一、績效考核的程序

　　績效考核是人力資源管理的一個循環性活動，它所涵蓋的管理步驟包括了：確認企業（或部門）的經營及營業目標、員工的標準作業程序及各程序的評量標準（參考第四章工作說明書部分）、持續性的監督觀察及教導、執行績效評估及面談、最後則是運用績效評估資料作相關的管理（如薪資調整、績效管理、員工職涯規劃及經營管理決策的制訂

參考等），此一循環內容參考圖8-1。

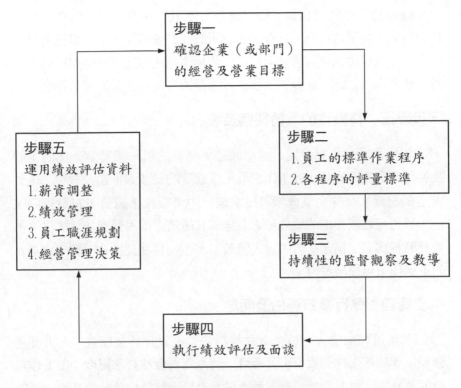

步驟一
確認企業（或部門）
的經營及營業目標

步驟五
運用績效評估資料
1.薪資調整
2.績效管理
3.員工職涯規劃
4.經營管理決策

步驟二
1.員工的標準作業程序
2.各程序的評量標準

步驟三
持續性的監督觀察及教導

步驟四
執行績效評估及面談

圖8-1　績效考核步驟圖

㈠步驟一：確認企業（或部門）的經營及營業目標

　　企業在認定員工的工作績效，常常著眼其目標或營業額的達成率，所以許多大型企業在公司的創立之初或每年的營業年度開始，都會召集所有營業部主管共同訂立目標，然後再依照此標準分級訂定部門及個人目標。部門主管再就此目標與各單位主管討論，並擬定目標達成方案及個人的執行任務內容，如此一來每一位員工都很清楚自己的角色扮演及責任，也讓績效評估更具體化。

㈡步驟二：員工的標準作業程序及各程序的評量標準

確認今年度的目標後，每一位員工應就工作說明書上的作業標準努力達成，企業也可利用各程序的說明設定評量的標準，並事先與員工就今年度的目標水準討論其可行度，若無法達成時應在此時期與員工溝通補救方案，如此一來員工就很清楚的得知日後被評量的準則所在。

㈢步驟三：持續性的監督觀察及教導

年度開始的標準設定，到年底績效考核的這一段時期，部門主管及幹部應定期觀察員工的工作表現，並適時的給予其回饋及教導，並做成定期記錄。有些企業會增設每季或年中考核來確認員工在執行過程中，是否可達成預期的績效，如未達成其所遭遇的困難應如何解決，可趁此時機與員工溝通。若因個人績效不彰也可運用此機會與員工會談，如不適任更可提早發現。

㈣步驟四：執行績效評估及面談

至年度結束前，一般企業會執行員工績效評估及面談，一方面考評員工本年度工作的表現，再者可以利用此機會檢討部屬今年度工作目標的優缺點，以及改善的計畫做溝通並交換意見達成彼此的共識，為明年度的工作計畫作暖身的運作。

㈤步驟五：運用績效評估資料

完成以上四個步驟後，進入考核的最終點，運用績效評估的資料作相關的管理用途。

1. **薪資調整：** 許多企業將績效考核放入調薪及各項獎金的給予標準之一。如中國石油的2002年考核及績效獎金發放辦法規劃為考核獎金＝考績獎金＋全勤獎金＋工作獎金（如下表所示）。

考核獎金	考績獎金	全勤獎金	工作獎金
中油考績甲等：2.0 個月	平均 0.9 個月	約 0.3 個月	約 0.8 個月
	1. 員工考績甲等（1.0 個月，80%） 2. 員工考績乙等（0.5 個月，20%）	1. 12 個月×1 天／30 天＝0.4（月薪） 2. 但派用人員除外	（2.0 － 0.9 － 0.3 ＝ 0.8）
中油考績乙等：1.8 個月	平均 0.85 個月	約 0.30 個月	約 0.65 個月
	1. 員工考績甲等（1.0 個月，70%） 2. 員工考績乙等（0.5 個月，30%）	（同上）	（1.8 － 0.85 － 0.3 ＝ 0.65）

2. **績效管理**：績效評估的優與否，可以界定員工與企業兩方面的問題，如果員工的績效不佳是屬於本身的問題，則主管應找出問題的癥結所在，與員工共同擬定改善方案。如果問題的產生在於組織，如標準作業程序設計不良、單位與單位間互動及配合出問題、業務行銷方案無法實施、現場機器或動線設計不良以致降低員工的生產力等，部門主管應趁此機會向公司提出改善建議。許多企業將績效考核放入調薪及各項獎金的給予標準之一。

3. **員工職涯規劃**：每年考核時主管有另一項重要的問題需與員工面對面的溝通，有效的為員工規劃其在餐旅業未來的發展，不但可以為將來多職能的工作趨勢奠定基礎，更可為組織暢通升遷管道，避免員工因久任同一職務而降低效率，或屆臨薪資上限而無法調薪致造成人才外流。

4. **經營管理決策**：考核的結果可為管理階層找尋出經營與管理的問題，也可同時為人力資源管理檢視多方面的流程，如員工遴選標準、任用及調動等功能。

二、績效考核的方式

績效考核的方法在學理上有許多學者提出許多相當不錯的方法，在此並不一一列出，僅提出在餐旅業界常被使用的方法如下：

㈠比較法

綜合各項需評估的內容，然後將員工排列優劣次序。

1. **排序法**：由主管依照員工的績效表現，由最好到最差的方式排列。

2. **配對比較法**：將每一員工與所有其他員工逐一兩個一組做比較，再針對計數的高低來排列員工最佳的順序。

3. **強制分配法**：根據評估的內容將員工一一排列，然後照著預先訂定的百分比，將員工歸入不同等級。如表現特優者占10%、表現佳者占20%、普通者占40%、表現不佳者占20%、需改進或不再續用者占10%等級，但因部門的屬性不同可規劃不同百分比的分配法。

4. **間隔排列法**：先選出表現最好的員工排在最前面，再選擇表現最差的員工排在最後，依次再選擇表現好的員工排在最好員工的後面，依此類推將所有員工的次序排好。

㈡行為評估法

綜合各項需評估的內容，然後將員工排列優劣次序。

1. **座標式評等法**：由人資部門針對行業特性列出工作或個人品質的敘述，再就其內容重點分配點數，再由評估者就個人觀點加以勾選及評比。此種方法在餐旅業界最常被使用，因為其設計可針對服務業的抽象特性加以描寫，讓被評者及評估者可以在最短的時間內瞭解其內容，且包含較多的績效有效度，方便統一及計算

各部門所有人員的差異點，使作業時間及效率皆高。但最大的缺點是評估者的標準不一極易產生過寬、過嚴或趨於中等的評估偏差。另外建議可在評估的項目內，增加評語、改善計畫或優異表現的事實說明，以補充此方法太過重於數字的缺點，也可讓主管在評估時較慎重其事而非隨意圈選交差了事。（參考表8-1）

2. **行為觀察評估法：** 此種方法是利用員工工作有關的行為類別及重要性，將其在某種行為表現的頻率以分數值加以區分，如「總是如此」為5，「幾乎沒有」為1。

㈢目標管理法

由員工與主管一起訂定欲達成的具體目標，再將其相關的內容、流程、時間及預算等訂出，由雙方達成共識。而到年終時針對預期與實際目標差異的原因及內容一一檢討，做為此年度的評估及明年度目標設定的參考。

㈣混合法

事實上許多餐旅業者針對不同的階級會有不同的評估（參考表8-2～3），來制訂最適合此行業及公司企業文化的評估法，在此並無所謂對錯只有適不適合及執行力是否夠的問題了。

表8-1　座標式評等法

員工考核表

部門：＿＿＿＿＿＿＿＿　考核期間：＿＿＿＿＿＿＿＿　日　期：＿＿年＿＿月＿＿日

姓名：＿＿＿＿＿＿＿＿　職稱：＿＿＿＿＿＿＿＿＿＿到職日：＿＿年＿＿月＿＿日

項目	考核基準	評分	初核	覆核
工作績效	□ 主動負責，工作量及品質極為傑出，且學習新事物意願強烈。 □ 認真執行，工作量佳品質良好，能學習及接受新知強。 □ 工作量令人滿意，品質好但非特出，學習能力尚稱滿意。 □ 工作量平平，品質經常欠缺週到，學習被動須經常督促。 □ 工作量常呈不足，品質令人不滿意，無心學習須經常督促。	20 16 12 8 4		
責任感	□ 具有積極責任心，能徹底達成任務，完全放心交付工作。 □ 具有責任心，能順利完成任務，可以交付工作。 □ 尚有責任心，能如期完成任務。 □ 責任心不強，需有人督促，方能完成工作。 □ 欠缺責任心，時時督促，亦不能如期完成工作。	15 12 9 6 3		
紀律性	□ 徹底遵守公司規定，絕不敷衍。 □ 遵守公司規定，很少犯規。 □ 遵守公司規定，偶有犯規。 □ 不遵守公司規定，經常犯規。 □ 不遵守公司規定，經常犯規，且屢勸不聽。 警告＿＿次(每次扣 0.5 分)、小過＿＿次(每次扣 1.5 分)、大過＿＿次(每次扣 4.5 分) 嘉獎＿＿次(每次加 0.5 分)、小功＿＿次(每次加 1.5 分)、大功＿＿次(每次加 4.5 分)	15 12 9 6 3		
團隊精神	□ 與別人共事時非常體諒和細心，樂於助人而能適應與合作。 □ 與人相處融洽，親切有禮，合作性佳。 □ 與主管同事及外人合作情形良好。 □ 與人相處有時草率，依賴別人去工作，沒有良好團隊精神。 □ 難以相處，與別人易生磨擦，不願參與公司的活動。	15 12 9 6 3		
成本觀念	□ 成本觀念強烈，能積極節省避免浪費。 □ 具備成本觀念，並能節省。 □ 尚具成本觀念，尚能節省。 □ 缺乏成本觀念，稍為浪費。 □ 成本觀念欠缺，常發生無謂浪費情況。	15 12 9 6 3		
出勤狀況	□ 事假＿＿＿＿＿日(每日扣 0.5 分)、病假＿＿＿＿＿日(每日扣 0.5 分) □ 曠職＿＿＿＿＿日(每日扣 1.5 分) □ 遲到早退＿＿＿＿＿次(每次扣 0.1 分) □ 每月全勤每次加 1.5 分	20		
總　分				

（續）表8-1　座標式評等法

綜合考評（初核主管填寫）

1.綜合以上各項考核因素資料，此位員工應評等為

☐極為優秀：有極佳的表現水準

☐超出期望：超出預期的表現水準

☐令人滿意：符合預期的表現水準

☐平平：須要接受輔導或訓練

☐極需改進：建議改調其他職位或不再續用（請具體說明事實）

_____

_____

_____

2.績效比較：（從上次考核面談至今，此位員工的表現，是否有所改變）

_____

_____

_____

3.明年度計畫：（經過您與此位員工面談後，請寫出你們共同認為的未來發展、訓練等計畫）

_____

_____

_____

4.其他特殊事蹟或紀錄

_____

_____

_____

被考核者：_____　　初核主管：_____　　日期：_____

覆核主管：_____　　部門主管：_____　　人資部主管：_____

表8-2 混合法

主管級考核表		
考核期間：____年____月____日至____年____月____日		

壹、一般資料

部門		姓名		職稱		到職日	

貳、行政管理能力

考核項目及內容	評分比例分配	評論或建議
一、計畫組織能力 　　對一般行政工作及工作的計畫組織能力與績效表現	1-2-3-4-5	
二、決策執行能力 　　對工作事務的決策及執行能力與績效	1-2-3-4-5	
三、領導與激勵能力 　　對領導與激勵員工的能力與績效	1-2-3-4-5	
四、溝通協調能力 　　對各項部門事務、顧客及主管間的溝通協調能力與績效	1-2-3-4-5	
參、工作績效能力		
五、目標達成績效 　　對達成公司要求的作業、業績能力與績效	1-2-3-4-5	
六、服務顧客績效 　　對公司要求的服務水平維持績效	1-2-3-4-5	
七、預算控制能力 　　對預算控制的執行與績效	1-2-3-4-5	
八、顧客抱怨處理能力 　　對該部門因服務或設施而產生的顧客抱怨處理績效	1-2-3-4-5	
肆、未來發展能力		
九、未來發展潛力 　　對未來工作的期望及規劃的能力	1-2-3-4-5	
十、訓練及學習的企圖心 　　對與其相關的專業知識學習企圖心（一至十二月份所 　　有訓練課程出席紀錄，此部分由人資部門填寫） 　　□全勤（為五分）　　□事假（含公休）____次 　　□病假____次　　　　□曠職_____日	1-2-3-4-5	
總評		

（續）表8-2　混合法

綜合考評

1.對目前職務的表現
　□表現十分優異，值得為其他主管的表率
　□表現突出，極具發展潛力
　□尚適任目前職務
　□不適任目前職務，須接受進一步的訓練與輔導
　□不適任目前職務，建議改調其他職務不再續用（請具體說明事實）
　　＿＿＿＿＿＿＿＿＿＿＿＿＿＿＿＿＿＿＿＿＿＿＿＿＿＿
　　＿＿＿＿＿＿＿＿＿＿＿＿＿＿＿＿＿＿＿＿＿＿＿＿＿＿

2.優點：＿＿＿＿＿＿＿＿＿＿＿＿＿＿＿＿＿＿＿＿＿＿＿＿＿
　　　　＿＿＿＿＿＿＿＿＿＿＿＿＿＿＿＿＿＿＿＿＿＿＿＿＿

3.缺點：＿＿＿＿＿＿＿＿＿＿＿＿＿＿＿＿＿＿＿＿＿＿＿＿＿
　　　　＿＿＿＿＿＿＿＿＿＿＿＿＿＿＿＿＿＿＿＿＿＿＿＿＿
　　　　＿＿＿＿＿＿＿＿＿＿＿＿＿＿＿＿＿＿＿＿＿＿＿＿＿

4.其他意見：＿＿＿＿＿＿＿＿＿＿＿＿＿＿＿＿＿＿＿＿＿＿＿
　　　　　　＿＿＿＿＿＿＿＿＿＿＿＿＿＿＿＿＿＿＿＿＿＿＿

5.明年度計畫：（經過您與此位主管面談後，請寫出你們共同認為的未
　　來發展、訓練等計畫）
　　＿＿＿＿＿＿＿＿＿＿＿＿＿＿＿＿＿＿＿＿＿＿＿＿＿＿＿＿
　　＿＿＿＿＿＿＿＿＿＿＿＿＿＿＿＿＿＿＿＿＿＿＿＿＿＿＿＿
　　＿＿＿＿＿＿＿＿＿＿＿＿＿＿＿＿＿＿＿＿＿＿＿＿＿＿＿＿
　　＿＿＿＿＿＿＿＿＿＿＿＿＿＿＿＿＿＿＿＿＿＿＿＿＿＿＿＿

　＿＿＿＿＿＿＿　＿＿＿＿＿＿＿　＿＿＿＿＿＿＿　＿＿＿＿＿＿＿
　　被考核者　　　部門主管　　　人力資源部　　　總經理

表8-3　混合法

主管級考核紀錄表

壹、一般資料　　　　　　　　　　　　　　　　　　　日期：＿＿＿＿＿＿＿＿

部門		姓名		職稱		到職日	

貳、各項管理能力

項目	訪談內容	年度計畫目標的執行狀況	訪談評語與考核
計畫組織能力	（對一般行政工作及員工工作的計畫組織）		
決策執行能力	（對工作事務的決策與執行）		
領導能力	（對領導與激勵員工）		
溝通協調能力	（對各項部門事務、顧客及主管間的溝通協調）		
目標達成績效	（對達成公司要求的作業、業績）		
預算控制能力	（對預算控制的執行）		

三、績效考核的誤差問題

㈠考核設定標準不夠明確

一般公司行號最喜歡使用一些不明確的字眼，如優、普通、尚可等，有時評估者對其詮釋不同時，常會有落差極大的考核成果，而造成績效管理的不公。

㈡以偏蓋全效果（Halo effect又稱為暈輪效果）

暈輪效果就是主管在評估員工時，常容易被被評估者在某項工作或行為尚有傑出表現的特質，而全面肯定其他的特性，導致其他考核的項目因此而偏高。如某員工因善於與顧客協調溝通，而其主管又偏愛此項特質時，致使員工其他表現不良處被忽略了。

㈢集中趨勢(Central Tendency)

中國人的特性是中庸之道，永遠不會得罪人或有錯誤產生，以致於許多主管只願意扮演「白臉」角色，又因將考績打得太高或太低時，常會遭到人資部門或最高主管的「另眼相看」，所以員工的績效有所謂集中的趨勢。比較糟的是有些主管根本搞不清楚部屬的工作表現，所以就採取趨中評等。

㈣過寬偏差(Leniency)

有些主管與部屬私交很好，為避免與員工傷感情或是造成員工與員工之間的衝突，部分主管利用公司並未設定分配比例的漏洞，將每一位員工都打了高分，造成部門與部門之間極大的差異及不公。

(五)過嚴偏差(Leniency)

與上項相反,有些主管本身對自我的要求極高,或是第一次打績效的主管通常都有此趨勢,所以人資部門應主動在績效考核時期多關心或瞭解此類主管的問題,以免造成該部門因考績過低而產生調薪或升遷不公平的情況。

(六)對比效應(Contrast Effects)

主評者因為採用兩兩對比的方式來加以考核時,若該被評比的員工表現特優時,表現普通者可能會被評為表現不良;若評比的對象相反時亦然。所以採用本法時應注意評比對象的差異性或是事先將標準設定好,以免造成考核不準確。

四、績效考核的程序及作業實例說明

在餐旅業一般而言大多採用每年定期辦理員工績效考核,在員工手冊或公司規章上大多將其制度說明,以下針對餐旅業績效考核的作業程序以實例的方式來說明。

專欄 8-2

績效面試的技巧

　　每年一度的績效考核對每一位專業的主管都應該慎重其事，因主管長期與員工相處以至於許多主管為不得罪屬下，總是揚善隱惡，導致員工不知自己真實的表現程度為何，因此而認定自己表現優異，影響到日後對工作績效認定上有偏差。

　　為了做好每一次的績效考核，建議主管應有妥善的準備，以下列出幾項重點以供參閱。

　　績效評估面談前的準備：

(一)平時工作紀錄：主管應對員工平日的表現加以紀錄，餐旅行業的現場主管都有一份平日工作的交接簿，建議加入員工優異及不良表現的欄位或特殊事件（如客訴抱怨、服務受客人的褒獎等）的紀錄。主管也最好每個月定期利用月會回饋員工，告訴員工哪裡沒做好、哪裡尚待改進。而等到年度的考核時，員工因為平時對自己工作上的表現稱職與否，大概也有一定程度的瞭解了，對於加薪、調職、降職或有不適任等的心理衝擊便不會那麼大。

(二)蒐集工作相關的資訊：主管在面談前應將所有會討論到的相關資料收蒐集完整，如每一位員工的標準作業流程與工作目標及計畫、平時出勤紀錄、獎懲紀錄、薪資調整的五年紀錄等，以利面談時的順利進行。

(三)選擇最佳的面談方法：每一位主管具有不同的特質，應選擇自己感到最合適及安心的方法，以求得最佳的面談結果。

1. 告知及聆聽法(Tell and Listen Method)：此種方法是採取由主管將評估的內容過程及結果，詳實的告知員工也同時聽取員工回饋意見的方法，雖然這是一個雙向溝通的好方法，但是主管應注意員工是否能完整的表達自我、有否過度或不及的傳述，而其是否會造成考核的不公或誤解，主管是否會因與員工溝通後

而改變評估的內容等變動因素。

2. 告知及銷售法(Tell and Sell Method)：此種方法是主管採取將評估的內容過程及結果，詳實的告知員工，並期望員工能接受主管的評估，並依據主管所評估的方向及計畫內容加以改善及遵守。一般較權威式的主管多數採用此法，但此法容易造成員工的反彈及自我防衛，另外無法溝通的情況下主管與員工之間的關係與互動不佳，員工日後的工作表現將採被動告知的方式，以求得在此類主管管理下生存的不二法門，對於公司整體的績效公平性及主動服務態度上將有極不利的影響。

3. 問題解決法(Problem Sloving Method)：此種方法採用主管與部屬建立一種開放的共同平台，讓員工參與評估的過程（或由員工先行自我評估後），主管再共同參與並分享彼此的認知而達到共識。這種做法的優點是可以幫助員工對工作的認知有一定程度的正確性，並以激發的方式讓員工對自己的缺點採較積極的態度來面對。但其缺點為主管與員工都需要有較高的教育水平或專業的管理技能，對於一些部屬層級差異性較大的部門（如餐務部或房務部等）較不合適。

4. 混合法(Mixed Method)：主管可針對部門員工的特性及評估的目的不同而設定二種以上的評估法，例如針對一般性員工可採用告知聆聽法或告知銷售法；而對幹部級以上人員採問題解決法。又如在績效評估時採取告知聆聽法或告知銷售法，而做員工生涯發展時可採問題解決法，來取得最適合的結果。

XX公司績效考核辦法

一、考核目的

(一)本公司將於每年元月份實施員工年終績效考核，其考核成績將為年終獎金發放、調薪、升遷等的重要依據。

(二)主管人員應對其所屬人員於該考核時期，依其工作表現與態度、及與

同事、顧客之間的相處等因素，考核其績效以茲獎懲彰顯管理的公平。

二、考核時期

(一)年中考核：每年一月一日至七月三十一日止。

(二)年終考核：每年一月一日至十二月三十一日止。

三、適用對象

(一)本公司各級正職人員。

(二)以下人員不得參加

1.契約人員、工時人員、臨時人員及外包、承包人員。

2.考核期間留職停薪、尚未復職者。

3.試用期未滿或未通過試用期的新進員工。

四、考核表及權限

(一)考核表：分員工、幹部及主管級。（如表8-1～8-3所示）

(二)考核權限：員工的直屬主管為初考人，再上一級主管為覆考人，部門最高主管為主考人。

(三)負責考核主管人員應注意事項

1.在年度考核時期開始前，主管與員工應共同設定該年度應達成的工作計畫與目標。

2.既定的工作計畫與目標，應定期與所屬員工檢討，可讓員工充分了解公司的現狀及未來應努力的方向。

3.實施考核時，應有與員工正式的面談，使員工能明確的了解主管對他工作的評語及期望。

4.各級主管人員應確實做到客觀公正、公平公開、不得以偏蓋全或循情浮濫，更不可假手他人或黑箱作業。

5.年度終結時，主管與員工應共同檢討該年度應達成的工作計畫與目標執行的狀況，以為該年度績效的重要指標。

(四)考核程序

1.一般員工：由該部門主管或經理考核。（使用員工考核表）

2.廚房人員：由主廚或副主廚考核。（使用員工考核表）

3.部門主管以上人員（含各部門執行副理、經理、廚房主廚）：由各營業部門最高主管負責考核。（使用幹部級考核表）

4.各部門最高主管（含協理、副總經理、行政主廚、後勤經理級人

員）：由總經理考核。（使用幹部級考核表）

5.人資部門將「年度員工考核表」依照考核權限送交審核部門主管後，將其回收由人資部門主管彙整及作相關的評語及建議，最後轉交總經理做最後裁示。

6.本公司考績分等相關規定如下

　(1)優、甲、乙、丙、丁五級。

　(2)優等：考績成績為90分以上。

　　甲等：考績成績為80分以上。

　　乙等：考績成績為70分以上。

　　丙等：考績成績為60分以上。

　　丁等：考績成績為60分以下。

　(3)各部門考績人數分配法：優等人數不得超過考核人數的10%、甲等人數不得超過考核人數的20%、其餘人數則照實際分數分配之。

(五)獎懲、考勤：本公司因為服務業，所以特別重視員工紀律及出勤狀況，由人資部門作考核期間得獎懲及考勤紀錄，並依以下標準作考核項目的加減分數。

　1.員工於考核時期曾受獎懲依照本辦法增減其考核成績。

　　(1)警告每次扣0.5分、小過每次扣1.5分、大過每次扣4.5分。

　　(2)嘉獎每次加0.5分、小功每次加1.5分、大功每次加4.5分。

　2.員工於考核時的考勤狀況依照本辦法增減其考核成績。

　　(1)事假每日扣0.5分、病假每日扣0.2分。

　　(2)曠職每日扣1.5分、遲到早退每次扣0.1分。

　　(3)每月全勤每次加1.5分。

(六)注意事項：

　1.本公司每年度的年終考核與年終獎金制度結合，除未具有考核資格者依照實際狀況另行處理外，部門主管不得以任何理由拒絕員工考核。

　2.員工若於當年度有不良之獎懲與出勤不良之紀錄（曠職二次以上者），一律不得列入優等。

(七)制定、修改、廢止：本考核辦法呈請總經理公告後實施，修改、廢止時亦同。

第三節　問題與討論

一、個案

　　倩容為一家國際觀光旅館的中級幹部，由最基層的服務員到現在的資深領班，一路走來並不輕鬆，倩容也戰戰兢兢的在工作崗位上力求表現，得到不少主管的讚賞。這次的考核期她的直屬主管吳副理因為請產假，經理請她代為考核屬下，共二十人的績效，這對她而言真是一大挑戰。所以倩容收蒐集了許多的資料，更自費到企管顧問公司上課，希望能在這一次的考核上有優異的表現。在「埋頭苦幹」了將近一個星期後，倩容將所有的考核資料送交給經理做最後的覆核時，不料在第二天早上經理將倩容找去只有簡單的說了幾句話，就將所有考核的資料收回並自己重做。原因是因為倩容並沒有一一與員工面談，所以考核出來的資料一來不夠客觀，二來員工可能在不知情的情況下會有不良的反彈。倩容真的很沮喪因為她花了那麼多的心力，完全沒有受到尊重及肯定，不但因為如此而使倩容更心生離職的念頭。

二、個案分析

　　此案例說明了績效考核時面談的重要性，許多餐旅業的主管由基層做起，雖有豐富的現場經驗，但對於管理的技巧確是有賴於公司的訓練。所以為了做好每一個部門的績效評估及維持制度的公平性，人資部必須規劃好所有的流程及作業標準。如上例所示人資部應主動為倩容安排相關的訓練課程，並與該部門主管溝通，希望經理能夠在旁多加協

助，如此就不至於發生以上的事件。事實上，該部門的主管也該負擔部分責任，交代事務時一定要清楚告知幹部所期望的目標，及達成此目標時可用的方法及建議，才不至於浪費兩方面的時間及精力，甚至損失了一名優秀的幹部。至於倩容的部分，如果她可以加強績效面談的技巧（參閱專欄8-2），並在事先與經理先行溝通自己想要做的方法取得彼此的共識後再進行，其結果應該是皆大歡喜的。

三、問題與討論

吳秀秀是優秀連鎖餐廳的經理，一向採取較強勢的管理風格，在此次的員工考核後遭到該店60%以上的員工檢舉，不但包庇自己的親屬及親信，更趁機修理平時不聽話的員工，所有的考核都是黑箱作業而且也未達成人資部要求的考核標準程序，請員工簽名表示對該考核的認同。經由人資部私下調查後，發現確實有些指控是事實。請問如果你是人資主管，你該如何在尊重部門主管的管理權限及維護員工的權益上，取得最好的平衡點？

第九章

勞動條件的介紹

☐學習目標

✎ 餐旅業勞動契約的介紹

✎ 工作時間與休假

✎ 勞工安全衛生管理

✎ 人員運用及管控的技巧與趨勢

✎ 問題與討論

✎ 附錄：勞工安全衛生工作手冊範例

餐旅業於民國八十七年三月一日正式納入勞動基準法的適用行業，至此所有的餐旅業從業人員的勞動條件開始受到法律的規範，對於員工及雇主也都多了一層的保障。雖然部分走短線的經營者採用且戰且看的遊走法律邊緣策略，但是對於守法的多數經營者及其僱用的勞工而言，都正式邁入一個新的紀元。本章所要介紹的勞動條件，涵蓋在勞動基準法上的有：勞動契約、工作時間與休假、勞工安全衛生管理等；另外，餐旅行業最新的一個人力資源趨勢－人員運用及管控的技巧與趨勢等重要的議題，以下分節解釋及說明。

第一節　餐旅業勞動契約的介紹

一、勞動條件的立法精神

勞動基準法第一條「總則」明顯的傳達了該法的立法精神：「為規定勞動條件最低標準，保障勞工權益，加強勞雇關係，促進社會與經濟發展，特制定本法；本法未規定者，適用其他法律之規定」。

二、勞動契約的意義

勞動基準法第二條第六項對勞動契約的定義為「約定勞雇關係之契約」。

三、勞動契約的類型

依據勞動基準法第二章勞動契約的第九條對勞動契約的類型有很

清楚的界定勞動契約，分為定期契約及不定期契約

1. **定期契約**

　(1)臨時性工作：係指無法預期得知非繼續性工作，其工作期間在六個月以內者。餐旅業最多的是工時人員的聘用，尤以餐廳的運用最多。

　(2)短期性工作：係指可預期於六個月內完成之非繼續性工作。目前餐旅業有部分外包的工作如資訊系統更換期間，所聘用的短期性資料鍵入人員、公關業務部在專案推動時所聘用的專案工讀人員等。

　(3)季節性工作：係指受季節性原料、材料來源或市場銷售影響之非繼續性工作，其工作期間在九個月以內者。（餐旅業不常用）

　(4)特定性工作：係指可在特定期間完成之非繼續性工作。其工作期間超過一年者，應報請主管機關核備。（餐旅業不常用）

2. **不定期契約**

　(1)勞基法第九條第一項規定：有繼續性工作應為不定期契約。餐旅業一般的正職員工多屬於不定期契約人員。

　(2)勞基法第九條第二項規定：定期契約屆滿後，有下列情形之一者，視為不定期契約：

　　❑ 勞工繼續工作而雇主不即表示反對意思者。

　　❑ 雖經另訂新約，唯其前後勞動契約之工作期間超過九十日，前後契約間斷期間未超過三十日者。

　　❑ 前項規定於特定性或季節性之定期工作不適用之。

　(3)勞基法第十條規定：定期契約屆滿後或不定期契約因故停止履行後，未滿三個月而訂定新約或繼續履行原約時，勞工前後工作年資，應合併計算。

四、勞動契約的內容

部分餐旅業者因為已訂立工作規則,所以認為勞動契約並無實際上需要,但基本上有許多的項目或需加強提醒員工注意遵守的部分並未列入,所以實在有另訂契約與每一位員工分別簽署的必要。勞動契約應依勞基法施行細則第七條有關規定約定下列事項:

1. 工作場所及應從事之工作有關事項。
2. 工作開始及終止之時間、休息時間、休假、例假、請假及輪班制之換班有關事項。
3. 工資之議定、調整、計算、結算及給付之日期與方法有關事項。
4. 有關勞動契約之訂定、終止及退休等有關事項。
5. 資遣費、退休金及其他津貼、獎金等有關事項。
6. 勞工應負擔之膳宿費、工作用具費等有關事項。
7. 安全衛生有關事項。
8. 勞工教育、訓練有關事項。
9. 福利有關事項。
10. 災害補償及一般傷病補助有關事項。
11. 應遵守之紀律有關事項。
12. 獎懲有關事項。
13. 其他勞資權利義務等有關事項。

五、勞動契約的終止

勞動契約的終止有下列的因素:

(一)以下因素終止勞動契約時,勞工不得向雇主請求加發預告期間工資及資遣費。

1. 定期勞動契約期滿離職者。
2. 雇主不需經預告後終止勞動契約－勞基法第十二條:勞工有下列

情形之一者，雇主得不經預告終止契約。

　⑴於訂立勞動契約時為虛偽意思表示，使雇主誤信而有受損害之虞者。

　⑵對於雇主、雇主家屬、雇主代理人或其他共同工作之勞工，實施暴行或有重大侮辱之行為者。

　⑶受有期徒刑以上刑法之宣告確定，而未諭知緩刑或未准易科罰金者。

　⑷違反勞動契約或工作規則，情節重大者。

　⑸故意損耗機器、工具、原料、產品或其他雇主所有物品，或故意洩漏雇主技術上、營業上之秘密，致雇主受有損害者。

　⑹無正當理由繼續曠工三日，或一個月內曠工達六日者。

　　雇主依前項第一款、第二款及第四款至第六款規定終止契約者，應自知悉其情形之日起，三十日內為之。

3.特定性定期契約期限逾三年者，於屆滿三年後，勞工得終止契約，但應於三十日前預告雇主。

㈡以下因素終止勞動契約時，雇主應依規定發給勞工預告期工資及資遣費。

　1.雇主可經預告後終止勞動契約－勞基法第十一條

　　⑴歇業或轉讓時。

　　⑵虧損或業務緊縮時。

　　⑶不可抗力暫停工作在一個月以上時。

　　⑷業務性質變更，有減少勞工之必要，又無適當工作可供安置時。

　　⑸勞工對於所擔任之工作確不能勝任時。

　2.雇主因天災、事變或其他不可抗力致事業不能繼續，經報主管機關核定者。（第十三條但書）

㈢以下因素終止勞動契約時，雇主應依規定發給勞工資遣費。

　1.勞工不需經預告後終止勞動契約－勞基法第十四條：有下列情形

之一者,勞工得不經預告終止契約。

⑴雇主於訂立勞動契約時為虛偽之意思表示,使勞工誤信而有受損害之虞者。

⑵雇主、雇主家屬、雇主代理人對於勞工,實施暴行或有重大侮辱之行為者。

⑶契約所訂之工作,對於勞工健康有危害之虞,經通知雇主改善而無效果者。

⑷雇主、雇主代理人或其他勞工患有惡性傳染病,有傳染之虞者。

⑸雇主不依勞動契約給付工作報酬,或對於按件計酬之勞工不供給充分之工作者。

⑹雇主違反勞動契約或勞工法令,致有損害勞工權益之虞者。

勞工依前項第一款、第六款規定終止契約者,應自知悉其情形之日起,三十日內為之。

有第一項第二款或第四款情形,雇主已將該代理人解僱或已將患有惡性傳染病者送醫或解僱,勞工不得終止契約。

㈣「預告期間」依下列規定

1.繼續工作三個月以上一年未滿者,於十日前預告之。

2.繼續工作一年以上三年未滿者,於二十日前預告之。

3.繼續工作三年以上者,於三十日前預告之。

勞工於接到前項預告後,為另謀工作得於工作時間請假外出。其請假時數,每星期不得超過二日之工作時間,請假期間之工資照給。

雇主未依第一項規定期間預告而終止契約者,應給付預告期間之工資。

㈤「資遣費」計算標準依下列規定

1.在同一雇主之事業單位繼續工作,每滿一年發給相當於一個月平均工資之資遣費。

2.依前款計算之剩餘月數,或工作未滿一年者,以比例計給之。未滿一個月者以一個月計。

六、餐旅業勞動契約的範例

(一)一般員工勞動契約

立勞動契約人○○旅館（餐廳）股份有限公司（以下簡稱甲方）與○○○（以下簡稱乙方）茲就雙方的催動關係，協議共同遵守約定條款如下：

第一條：【契約期間】
甲方自中華民國＿＿年＿＿月＿＿日起僱用乙方，試用期＿＿個月。

第二條：【薪資】
乙方每月薪資為新台幣＿＿＿＿元。甲方得視乙方的工作表現、年終考績及甲方當年度的營運狀況，於經過董事會決議核可後，於每年＿＿月調整乙方的薪資。乙方明確了解並同意，其薪資係屬甲方的業務機密，除與業務部門主管或人事主管討論外，不得與其他第三者討論。

第三條：【保險】
甲方應為乙方辦理全民健康保險、勞工保險及依甲方規定之意外保險等。

第四條：【工作項目】
乙方受甲方僱用，職稱為＿＿＿＿＿，工作項目如本公司各職位標準作業程序所定。

第五條：【工作地點】
乙方提供勞務地點為＿＿＿＿＿。乙方並同意甲方基於業務經營之需要，在不影響薪資數額的前提下，調整乙方的工作地點。

第六條：【工作時間】

乙方每雙週工作時間總時數是84小時（不含用餐、休息時間），其詳細的工作時間應依甲方部門主管所排定的工作時間表而定。甲方因業務需要延長工作時間時或是在原應放假的例假日、紀念日、勞動節日及其他由中央主管機關規定應放假之日工作，依勞動基準法之規定辦理。

第七條：【服務守則】

本公司員工於服務期間應遵守本公司一切規章及工作規則，倘有侵占、虧欠公款、毀損公司財務，及其他違法行為或洩漏公司機密，致使公司蒙受損失，願接受公司處分並履行賠償責任。

未經章則明定之事項，應請示直屬主管，遵照指示辦理。

第八條：【電腦處理個人資料】

乙方同意甲方得基於業務需要及其他合法目的，蒐集、利用電腦處理及國際傳遞乙方之個人資料。

第九條：【智慧財產權】

乙方同意於受僱期間，在職務範圍內所完成的發明、創作、著作或其他刑事之智慧財產權、專利權、著作權、營業秘密及其他相關權利，均應屬甲方所有。

乙方茲承諾並保證將無條件配合甲方之指示，提供必要的文件、資料及其他協助，使甲方的取得、維護及實施該等智慧財產。

第十條：【比照辦理】

乙方之獎懲、福利、休假、例假等事項依甲方工作規則規定辦理。

第十一條：【競業及兼職的禁止】

乙方了解並同意於受僱於甲方期間，應專心致力於甲方所指定的工作與職務，不得為其他公司、團體或組織提

供服務，亦不得為自己利益而經營業務。

但經甲方事先書面同意者，不在此限。

第十二條：【權利義務】

甲乙雙方僱用受僱期間之權利義務，悉依本契約規定辦理，本契約未規定事項，依本公司工作規則及相關法令規定辦理。

第十三條：【終止契約】

本契約終止時，乙方應依規定辦妥離職手續後，方得離職。

（試用期內雙方可隨時提出請求終止，試用期滿之員工則依照職等不同，事先提出申請）

資遣費或退休金給與標準，依本公司工作規則規定辦理。

第十四條：【修訂】

本契約經雙方同意，得隨時修訂。

第十五條：【存照】

請於簽署前詳細閱讀前述契約條款，並充分瞭解其內容後，再行簽署。如有任何疑問必須於簽署前提出異議。

本契約一式兩份由雙方各執一份存證。

第十六條：【管轄法院】

凡因甲乙雙方間的聘僱關係所衍生的爭議，雙方同意以臺灣　　地方法院為第一審管轄法院。

立契約人：　甲　方：○○旅館（餐廳）股份有限公司

　　　　　　代表人：

　　　　　　乙　方：○○○

　　　　　　　　中華民國　　　年　　　月　　　日

㈡短期性勞動契約

短期性勞動契約書

　　　　○○旅館（餐廳）股份有限公司（以下簡稱甲方）

立契約書人：

　　　　　　＿＿＿＿＿○○○＿＿＿＿＿＿（以下簡稱乙方）

雙方就有關短期性臨時契約工作約定條款如下：

第一條：契約期限

　　　　本契約自中華民國　　年　　月　　日起至　　年　　月　　日止契約期滿，終止僱傭關係。

第二條：工作項目

　　　　乙方接受甲方之監督指揮，在甲方所指定的工作場所擔任各項指派工作或臨時性指派工作。

第三條：工作內容

　　　　甲方主管依實際需要予調度。

第四條：工作時間

　　　　1.由甲方主管依工作內容予以調配。

　　　　2.每月工作＿＿＿＿天。

　　　　3.每日工作＿＿＿＿小時。

第五條：例假日

　　　　乙方同意其例假休假可以彈性對調或延後，不受勞動基準法第三十六條、第三十七條之限制。

第六條：工資

　　　　甲方給付乙方每月工資新台幣＿＿＿＿元整。

第七條：福利

　　乙方為甲方短期性臨時契約員工，享有勞工保險、全民健康保險、團保。

第八條：女性夜間工作

　　乙方因為工作權責（性質）關係，雇主經工會同意或經勞資會議同意後，且符合下列各款規定者，可要求員工於夜間工作：

　1.提供必要之安全衛生設施。

　2.無大眾運輸工具可資運用時，提供交通工具或安排女工宿舍。

第九條：勞動條件

　　乙方除上述各項之外，其勞動條件、權利、義務均與甲方一般員工相同。

第十條：其他

　　凡本契約未訂定事項，依甲方工作規則、勞動相關法令辦理。

第十一條：存照

　　本契約經雙方同意，得隨時修正，且一式兩份，由雙方各執一份存證。

立契約人：　甲　方：

　　　　　　代表人：

　　　　　　乙　方：

中華民國　　年　　月　　日

第二節　工作時間與休假

　　餐旅業因為營業的時段與一般性行業或是工廠皆不相同,所以在工時與休假部分一直有一套自成的管理系統,我國勞動基準法在納入餐旅業時,曾針對其特殊性增設法條,以期能更適合整體的工時管理。

餐旅業工作時間說明

㈠勞基法規範的標準工時

　　目前依據勞基法第三十條對法定工時的規範為:勞工每日正常工作時間不得超過八小時,每二週工作總時數不得超過八十四小時。前項正常工作時間,雇主經工會同意,如事業單位無工會者,經勞資會議同意,得將其二週內二日之正常工作時數,分配於其他工作日。其分配於其他工作日之時數,每日不得超過二小時。但每週工作總時數不得超過四十八小時。

　　第一項正常工作時間,雇主經工會同意,如事業單位無工會者,經勞資會議同意,得將八週內之正常工作時數加以分配。但每日正常工作時間不得超過八小時,每週工作總時數不得超過四十八小時。本條第二項及第三項僅適用於經中央主管機關指定之行業。

㈡餐旅業目前所適用的標準工時

　　目前依據勞基法第三十條之一對法定工時的規範為:「中央主管機關指定之行業(餐旅業在內),雇主經工會同意,如事業單位無工會者,經勞資會議同意後,其工作時間得依下列原則變更:

1. 四週內正常工作時數分配於其他工作日之時數，每日不得超過二小時，不受第三十條第二項至第四項規定之限制。

2. 當日正常工時達十小時者，其延長之工作時間不得超過二小時。

3. 二週內至少應有二日之休息作為例假，不受第三十六條之限制。

4. 女性勞工，除妊娠或哺乳期間者外，於夜間工作，不受第四十九條第一項之限制。但雇主應提供必要之安全衛生設施。

依民國八十五年十二月二十七日修正施行前第三條規定適用本法之行業，除第一項第一款之農、林、漁、牧業外，均不適用前項規定。

說明：

1. 餐旅業因其營業時間較特別，無法如一般的公司行號或工廠可以有較規律的工作時間，所以勞基法第三十條之一是為一般需要輪班、無法每週或假日都休假、女性員工的夜間工作來解套。一方面讓這些服務行業有較彈性及變動的工時安排，也保障了女性勞工工作的權益。

2. 行政院勞工委員會九十年五月十一日台九〇勞動二字第〇〇二一二八二號函針對勞基法第三十條有關法定正常工時修正為兩週八十四小時之規定，已自今（九十）年一月一日起實施。其較修法前每週不得超過四十八小時之規定為少，減少之時間，乃不必工作之「下班時間」。 如在雙週八四工時實施前的勞動契約，是不能片面更改，但新制實施後的新簽訂的勞動契約，這縮短的六小時工時，雇主可以「下班時間」不支薪。所以目前業界因應的狀況各有差異，有些公司也對休息及用餐的時間慢慢計較，原因是員工工作時間的減少薪資結構無法調降的情況下，為保持企業對外的競爭力也必須採取較強勢的做法。

3. 勞工以「月薪制」計酬者，由於原勞動契約之工時上限為新法所取代，工資部分並未變動，故雇主仍應依原勞動契約約定之工資數額履行給付義務，尚不得因本次修法縮短法定正常工時而片面

減少工資，勞資雙方如認有變更勞動契約內容之必要時，應由勞雇雙方重行協商。目前餐旅業因整體營運狀況不佳所以真正會因減少工時而變更勞動契約的公司屬少數。

㈡餐旅業目前所使用的延長工時

1.法規規範的延長工時

所謂的延長工時就是一般公司行號的「加班」目前依據勞基法第三十二條對延長工時的規範為：

「雇主有使勞工在正常工作時間以外工作之必要者，雇主經工會同意，如事業單位無工會者，經勞資會議同意後，得將工作時間延長之。

前項雇主延長勞工之工作時間連同正常工作時間，一日不得超過十二小時。延長之工作時間，一個月不得超過四十六小時。

因天災、事變或突發事件，雇主有使勞工在正常工作時間以外工作之必要者，得將工作時間延長之。但應於延長開始後二十四小時內通知工會；無工會組織者，應報當地主管機關備查。延長之工作時間，雇主應於事後補給勞工以適當之休息」。

2.餐旅業實際作業狀況

餐旅業因與旅客及公眾之生活便利有關所以在法規上可於正常工作時間延長工作時間之必要性，但雖如此業者仍以排班的技巧，讓每一個階段的人員皆可適用，避免非必要性的加班。而如有加班的情況，多數的業者也儘量以排休為主，很少核發加班費。

㈢餐旅業目前所運用的例假、休假與特別休假

1.法規規範

⑴目前依據勞基法第三十六條對「例假」的規範為：

「勞工每七日中至少應有一日之休息，作為例假」。其法源前身為工廠法，臺灣早期以製造業為主，而工廠的管理慣例為工作六

天休息一天，所以稱其為例行的休假日。

(2)另第三十七條中也清楚的規範：「紀念日、勞動節日及其他由
中央主管機關規定應放假之日，均應休假」。

(3)特別休假：目前依據勞基法第三十八條對「特別休假」的規範
為：勞工在同一雇主或事業單位，繼續工作滿一定期間者，每
年應依下列規定給予特別休假。

❑ 一年以上三年未滿者七日。

❑ 三年以上五年未滿者十日。

❑ 五年以上十年未滿者十四日。

❑ 十年以上者，每一年加給一日，加至三十日為止。

2.餐旅業實際作業狀況

餐旅業因其營業時間與性質較特別，所以成為中央主管機關指
定之行業，例假與休假之變更及調整為：

(1)二週內至少應有二日之休息，作為例假，不受勞基法第三十六
條之限制。

(2)針對第三十七條因為餐旅業最忙碌的時段，幾乎都是休假日，
根本無法安排員工休假或公司不營業。所以餐旅業的做法都是
將該月份的國定休假日與例假日加在一起，排定所謂的輪休
日，在當月份利用不忙的日期讓員工休假。

專欄9-1

餐旅業的特別工時與休假狀況介紹

在餐旅業未歸入勞基法之前，對於工時與休假每一家都有不同的管理制度。坦白說餐旅業從業人員真的很辛苦，因為是屬於大眾服務業無法像辦公室或是工廠，只要將電源一關或是機器一停就可以下班了。服務到一半時不能因為下班時間到了就向客人告別，也不能向還賴在餐桌上的客人說：「先生／小姐，請你趕快吃飽因為我要下班了」！

國定例假日、星期假日、甚至大年夜或過年，也要上班。沒有人會去向主管或老闆爭取假日上班要付加班費，因為每一個走入這一個行業的員工都很清楚自己的宿命「與眾不同」。有些主管更是所謂的責任制從早忙到晚，尤其以餐廳主管的工作時間最長；而員工也不輕鬆，大家幾乎都上「兩頭班」。特殊的上班時間（上午10：30～14：30，下午17：00～21：00），中間雖然有「空班時段」但大家幾乎都留在公司休息或閱讀進修等，晚上宴會常常因為客人的拖檯而讓下班的時間又晚了！所以長時間的在外勞累，讓餐旅從業人員有一份比其他產業工作人員不為人知的辛酸。旅館前檯人員也輕鬆不到哪，除了長時間的站立及時時刻刻處於備戰狀況，早、晚及大夜班的輪班制，也讓許多餐旅人的身體狀況不是太理想。有時候加班的時間太多沒有辦法休完，常會被要求每天休二小時或四小時，但出門的時間常常花了一二小時，一天也這樣的沒了！國定例假日時沒有辦法陪另一半或小孩，應該是餐旅人員心中永遠的痛吧！

既然餐旅業的特殊工時與休假這麼不好的話，為什麼還有這麼多人喜歡這個行業呢？我曾問過許多資深與剛進入這個產業的年輕人，除了服務業較多變化及可以接觸到不同國籍的人等等的原因外，讓我驚訝的是他們多數的答案居然也是工時與休假，因為上下班時間具有彈性、休假也可以輪流，不需要例假日與上下班時間跟一般的上班族擠。

第三節　勞工安全衛生管理

勞工安全衛生法

㈠立法目的

為防止職業災害，保障勞工安全與健康，特制定本法；本法未規定者，適用其他有關法律之規定。

㈡勞工安全衛生法的重點

勞工安全衛生法最重要的特色在法文中，針對如何防止職業災害的相關設施及雇主勞工各該負擔的責任與義務，有很明確的規範。

1.職業災害的定義

本法所稱職業災害，謂勞工就業場所之建築物、設備、原料、材料、化學物品、氣體、蒸氣、粉塵等或作業活動及其他職業上原因引起之勞工疾病、傷害、殘廢或死亡。

2.本法適用於下列各行業

(1)農、林、漁、牧業。

(2)礦業及土石採取業。

(3)製造業。

(4)營造業。

(5)水電燃氣業。

(6)運輸、倉儲及通信業。

(7)餐旅業。

(8)機械設備租賃業。

(9)環境衛生服務業。

(10)大眾傳播業。

(11)醫療保健服務業。

(12)修理服務業。

(13)洗染業。

(14)國防事業。

(15)其他經中央主管機關指定之事業。

3.雇主在本法中所需負的相關責任

(1)應設置因工作所需相關設備、場所等有符合標準之必要安全衛生設備。

(2)對於勞工就業場所之通道、地板、階梯或通風、採光、照明、保溫、防濕、休息、避難、急救、醫療及其他為保護勞工健康及安全設備應妥為規劃,並採取必要之措施。

(3)不得設置不符中央主管機關所定防護標準之機械、器具,供勞工使用。

(4)對於經中央主管機關指定之作業場所應依規定實施作業環境測定;對危險物及有害物應予標示,並註明必要之安全衛生注意事項。

(5)雇主對於經中央主管機關指定具有危險性之機械或設備,非經檢查機構或中央主管機關指定之代行檢查機構檢查合格,不得使用;其使用超過規定期間者,非經再檢查合格,不得繼續使用。

(6)勞工工作場之建築物,應由依法登記開業之建築師依建築法規及本法有關安全衛生之規定設計。

(7)工作場所有立即發生危險之虞時,雇主或工作場所負責人應即令停止作業,並使勞工退避至安全場所。

(8)在高溫場所工作之勞工,雇主不得使其每日工作時間超過六小

時；異常氣壓作業、高架作業、精密作業、重體力勞動或其他
對於勞工具有特殊危害之作業，亦應規定減少勞工工作時間，
並在工作時間中予以適當之休息。

⑼雇主於僱用勞工時，應施行體格檢查；對在職勞工應施行定期
健康檢查；對於從事特別危害健康之作業者，應定期施行特定
項目之健康檢查；並建立健康檢查手冊，發給勞工。

⑽體格檢查發現應僱勞工不適於從事某種工作時，不得僱用其從
事該項工作。健康檢查發現勞工因職業原因致不能適應原有工
作者，除予醫療外，並應變更其作業場所，更換其工作，縮短
其工作時間及為其他適當措施。

⑾雇主應依其事業之規模、性質，實施安全衛生管理；並應依中
央主管機關之規定，設置勞工安全衛生組織及人員。

⑿經中央主管機關指定具有危險性機械或設備之操作人員，雇主
應僱用經中央主管機關認可之訓練或經技能檢定合格之人員充
任之。

⒀事業單位以其事業招人承攬時，其承攬人就承攬部分負本法所
定雇主之責任；原事業單位就職業災害補償仍應與承攬人負連
帶責任。再承攬者亦同。

⒁不得使童工、女工及妊娠中或產後未滿一年之女工從事危險性
或有害性工作。

⒂對勞工應施以從事工作及預防災變所必要之安全衛生教育、訓
練。

⒃應負責宣導本法及有關安全衛生之規定，使勞工周知。

⒄應依本法及有關規定會同勞工代表訂定適合其需要之安全衛生
工作守則（如附錄所示），報經檢查機構備查後，公告實施。

⒅工作場所如發生職業災害，雇主應即採取必要之急救、搶救等
措施，並實施調查、分析及做成紀錄。

⒆工作場所發生下列職業災害之一時，雇主應於二十四小時內報

告檢查機構：

❑ 發生死亡災害者。

❑ 發生災害之罹災人數在三人以上者。

❑ 其他中央主管機關指定公告之災害。

檢查機構接獲前項報告後，應即派員檢查。

⑳中央主管機關指定之事業，雇主應按月依規定填載職業災害統計，報請檢查機構備查。

㉑雇主於六個月內若無充分之理由，不得對前項申訴之勞工予以解僱、調職或其他不利之處分。

4.勞工在本法中所需負的相關責任

⑴勞工對於第一項之安全衛生教育、訓練，有接受之義務。

⑵勞工對於前項安全衛生工作守則，應切實遵行。

⑶勞工如發現事業單位違反本法或有關安全衛生之規定時，得向雇主、主管機關或檢查機構申訴。

 專欄9-2

餐旅業職業傷害／職業病需要重視嗎？

　　根據勞委會的統計，我國職業災害發生率，比一般先進國家高出許多。而職業病的產生分慢性病及急性職業傷害。而其中又以急性職業傷害的比率最高，最主要的原因為意外的產生無所不在，如工作不小心、沒有適當的防護設備（工具）、員工的工作訓練不夠及工作技能不足⋯⋯等都可能造成傷害。職業傷害輕者切、割傷，重者殘廢、喪失工作能力，甚至死亡的情況實在不勝枚舉。

　　而根據職業傷害統計在各行業別中，又以個人服務業、營造業居多；造成傷害的原因，以無適當防護設備居高；在傷害媒介中，與有害物等的接觸占17.5%為最多；其次被刺割、擦傷占13.3%，車

禍占11.7%，感電占10.8%；外在因素以年齡、健康狀況、工作速度的快慢、最忙碌時所造成之個人疏忽等較常見。

　　餐旅業的職業傷害因工作的性質不同，而有不同的結果。如餐廳職業傷害發生率最高的是燙傷，其次又以跌傷及刀傷等次之；而產生的原因多半是設備不佳（如地板太滑或是工作時未保持乾燥等）、人員訓練不夠、個人防護裝備不足（如未著防滑安全鞋）及忙碌時不慎造成的。房務部門則以跌傷為最多及化學藥劑灼傷等次之；而產生的原因多半是因人員訓練不夠或未有安全意識（如未遵守安全衛生守則規定清理浴廁時踏上浴缸）、忙碌時（如絆到吸塵器電線）不慎造成的。工程部門則以跌落（如未使用安全梯）、感電（未使用安全防護設施防止觸電）及燙傷（如鍋爐、壓力容器操作人員未遵守標準作業程序）等情況居多。

　　在慢性職業病中，因為餐旅業是屬於二十四小時輪班制。長期輪班的情況下，生理時鐘調適雖然因人而異，但可能產生許多肉體或精神的壓力，這種生活節奏的紊亂導致的不適，幾乎涵蓋人體各個器官系統。例如功能性腸胃障礙、腦神經系統的症狀如頭暈、注意力不集中、睡眠不足，又如高血壓，甚至心臟冠狀動脈疾病。輕者影響工作情緒效率，重者可能造成嚴重的疾病或意外。

　　事實上近二十年來，先進國家如英美等國早已警覺這些輪班制度帶來的併發症，而投下不少心力研究改進。他們認為，透過在職教育的方式，可以協助員工儘量克服這些困擾，以下分別說明之：

1.關於排班者：在美國多項研究報告的共同結論發現，排班人員多半不明瞭紊亂的生理時鐘對人的情緒起伏、反應敏捷度、思考縝密度，甚至工作效率有重要的負面影響。如果對排班人員施以相關課程，則排班人員排班時，將多一份周詳考慮，使輪值人員在換班時有緩衝期調適。

2.僱用前的篩選：為了更有效解決輪班的困擾，可在晉用新員工時針對幾項來周詳考慮：

(1)輪班適應能力之評估（如睡眠情況、情緒穩定度及腸胃狀況）。

(2)有些疾病如癲癇、消化性潰瘍、糖尿病等，可能因日夜顛倒導致病情惡化，故不適輪值夜班。

(3)對夜班值勤採正面態度者擁有較大的錄取機會。

(4)職前訓練應教導他們如何調配睡眠時間，如何處理身心壓力及隨時運動保持體能。

餐旅業從業人員因業務性質特殊，所以產生的職業傷害及職業病的類型也多，所以該如何管理及預防變得十分重要，並不是僅僅將其列在勞工安全衛生守則中，即可達成此目標。如何真正落實於實際的工作內，除了勞安人員的不斷檢查外，更需現場主管的重視，當然最重要的是員工自己必須要有保護自己工作安全的基本意識。

第四節　人員運用及管控的技巧與趨勢

一家餐廳及旅館在開幕前，就已針對其各部門人員的配置，作了全盤性的規劃，以利開幕後各項作業的順利進行。但往往人力的配置隨著服務標準的不同、作業器材的改變、客源的變動、管理制度的更新等因素，而需要作彈性或永久的調整，各部門主管不能以舊有的人力制度來應對瞬息萬變的企業經營，如何積極的運用有限人力使其發揮最大的產值，保有優勢的競爭能力，全靠管理者的因應智慧。

人力資源部在組織中對於人力的控制扮演著決定性的角色，定期與隨時注意各部門的營運狀況及員工生產的質與量，是需要相關技巧與經驗的累積，以下試列出重點說明及分析。

人力配置的規劃與定期審核

㈠人力配置規劃技巧

餐旅業的最大費用為「人事成本」，且無法如製造業以機器來取代人的角色，所以如何善用人才，是每一位管理者應具備的專業素養。各單位的人力配置多寡，往往與各職位的任職條件及標準作業程序等的內容有關。

1.依據組織表規劃部門架構

由最新的企業組織表，依據組織所分配的職責，規劃各部門的組織架構。（餐旅業的組織架構部分請參考本書第二章）

2.建立各職級人員的任職條件

依各部門的性質建立任職條件，以做為日後任用、補員、晉升等評估的標準。（餐旅各職級的任職條件部分請參考本書第二章）

3.制定各單位標準作業程序

由人資部門主導，聚集各部門主管，將各項作業分析與整理，建立一份各部門標準作業程序(Standard Operation Procedure，簡稱S.O.P.)，其功能除可再確認各部門的服務及作業標準化外，更可為日後因服務標準的不同、作業器材的改變、客源的變動、管理制度的更新等奠定基礎，才不至於朝令夕改讓員工及幹部無所適從。

4.變動的因素預測及掌控

依據每年營業目標或由業務行銷部門的達成率及各項變動因素，來作人力的彈性調整。

⑴季節性變動的因素（如各種時令特色、各項展覽活動、國定假期等）。

⑵餐旅各項促銷活動（如國人特惠專案、住房結合餐飲作整體包裝、仕女兒童特惠日、寒暑假期間優惠專案、特殊時令菜餚等）。

(3)與旅行社、航空公司聯合促銷活動。

(4)旅館或餐廳裝修或保養期。

(5)公司周遭的交通黑暗期（如目前捷運各新線路的開挖）。

(6)選舉。

5.**每人工作量的規劃**

(1)最高及最低編制人員人數的計算方式：依據組織的標準作業程序，適切地安排每一個人的工作量，在此以餐廳的服務人員說明，以最高的工作量來計算。

❑ 每一位員工每日最多負責整理7個桌位。

❑ 來客率百分之百（此部分未納入翻檯率的計算）。

❑ 每人每週工作五天（勞基法的規範，每週一天公休、一天國定假期或年假，年資較久的員工可能要每月再扣一天）。

❑ 該餐廳的總桌數為40桌。

❑ 每人每天須整理的桌數為：

40桌×7天＝280桌　　　（每週全餐廳共須被服務的桌數）

7桌×5天＝35桌　　　　（每週每人共服務的桌數）

280桌÷35桌＝8人　　　（所須餐廳服務員最高編制的人數）

(2)以同樣方法可試算出最低編制人數，以作為部門員額制定的最低標準。

當然，餐廳的工作量不可能如此輕易的計算出，其中包括了許多複雜的條件，如組織結構狀況、服務的等級與標準、菜色的定位及服務的方式、服務的動線及餐廳工作分配的狀況、工時人員的運用情況、人員工作量有否包含餐廳平日例行清潔與保養工作等等的變動因素均須考慮進去，才有辦法精確地計算出餐廳服務人員的工作量。

㈡人力配置的定期審核

1.善用排班表

排班表為餐旅業每一現場作業主管依據到客的尖、離峰、淡旺

季將所屬人員作一工作時段的安排，其排班的技巧須注意的事項：

(1)各部門最忙碌的時段，應將主要人力安排於該時段並需考慮客人會延誤等突發的狀況（如宴會廳可能需安排工時人員於結束時段的清理工作，或因客人拖檯等狀況的產生，以避免正職人員因此產生加班而增加該部門人力費用）。

(2)利用臨時人員：因季節性的變動而調整的來客率，應善用臨時人員，其人力來源可為別部門人員（輪調訓練）、實習的學生、退休的員工、離職的員工等。因其已具有相關的工作技能及對餐旅組織及運作皆有某種程度上的了解，不但可舒解人力不足的窘境，亦可為逐日攀升的人事成本作大幅的降低。

(3)彈性調整工時：傳統的人力管理，將所屬的員工均安排以天為計算單位的工時，但為因應目前餐旅營運現狀（淡旺季明顯、生意量較難預估、固定員工的人數減少等因素），許多業者已漸漸調整為較有彈性的工時，例如忙碌時工作十小時、生意清淡時現場主管可適時的安排部分的人手先行下班，如此一來對整體的人事成本及人員編制皆可控制在最適當的比率。

2.每月定期檢討人事成本

依據財務部門的各部門成本分析表，仔細核對是否超過預算、有無異常的狀況、人員的任用及呈現是否維持旅館的水準。

3.定期重新檢討人員編制

(1)觀光旅館會依據今年度的營業額及明年預估的生意量，來規劃每一個部門的預算。一般餐廳的彈性則比較大，且因餐飲市場變化的狀況較旅館來的劇烈，強烈建議餐飲業者至少每一季檢討人員的編制以利迎接較艱難的挑戰。

(2)各部門主管與人資部主管應依據組織所給付的預算，來安排相關預算的編列，如重新添購用品、更換設備、人事成本等。若為因應生意量的調降（如92年發生的SARS），各項費用也必須隨之調整，所以人員的編制（其精簡方法請參閱本書第四章）

也必須要重新計算及考量。

(3)善用各項人力資源

❑ 與學校建教合作：目前各大專院校為因應服務業的興起，已廣設旅館及餐飲科系，為使學生更能早日融入社會，許多學校均讓學生有4～6個月的實習時間，對各部門的人力緊迫有舒緩的效益。但部分業者或主管仍對此作法抱持保守的看法，對餐旅業長期的人力資源擴充及發展上將無法突破現狀。

❑ 利用大量工時人員：除了建教合作的學生外，仍有許多打工的人力市場，非常態性的工作或突發性的任務可以多多利用此部分的人力。但此部分須靠人資部及各部門主管多方面累積資源及訓練相關的人才，儲備自己的人力庫，才不至於緊急時求助無門，另與同業多方面的交換人才庫之運用也是一種解決的好方法。

❑ 吸引二度就業的人口：臺灣目前因整體產業結構快速變化，許多傳統產業已釋出許多就業人口，如何讓這部分的人力資源可以轉化為餐旅業所運用及吸收，就必須在員工訓練上加強。

❑ 採用各部門人力資源相互支援：加強各部門的輪調作業訓練，不但可以增加員工的專業性，更可以強化員工的向心力，有利於暢通組織的升遷管道及整體人員的生涯規劃。

❑ 將部分工作轉予外包廠商：目前許多餐旅業為因應逐日下滑的生意量，將部分的工作（如夜間清潔、定期地板保養、園藝的修整及游泳池的保養等）已轉包給外包商，以解決人力不足及因固定員工逐年上漲的人事成本等問題。另外有些季節性、專案性的工作則轉給一些專業的顧問公司，如電腦系統的轉換、網頁設計、部分較專業的企劃案或美工設計，甚至許多餐旅業的員工旅遊或訓練也有慢慢轉包給顧問公司的

趨勢。

❑ 運用企業派遣支援非常態性工作：部分固定性的忙碌工作
（如年底報稅）或短期的行政事務等，利用人力仲介公司的企
業派遣，不但可以不增加人力編制，更可將行政職的人數控
制在預算內。

 專欄9-3

如何管理臨時員工？

　　企業該自行招募還是透過仲介尋找臨時員工？該透露多少公司
資訊給他們？如何讓他們在短期內了解企業文化，全心投入？

　　經濟不景氣，編制彈性又能配合公司需求完成專案任務的派遣
人力，往往成為企業節衣縮食政策下的最愛。但是主管該如何管理
這些臨時員工？如何讓他們融入企業文化與組織團隊中？

1.透過專業仲介，省時省力：企業招募臨時員工有二種管道：透過
　專業的人力仲介公司，或自行招募。二者的差別在於，採行後者
　的企業由於沒有專業資源，招募臨時員工的速度很慢，公司主管
　最後也往往得花很多時間在管理臨時員工上。

　　臨時性員工通常不是負責公司的核心技術，可是有時門檻雖不
高、合適的人也不見得好找。透過專業的人力派遣公司，企業可以：

(1)要求臨時員工的素質。

(2)將招募臨時性員工的時間，聚焦於公司的核心業務上。

(3)省下很多管理及訓練臨時員工的時間與心力。

　　在招募之初，人力派遣公司便會針對派遣人力進行招募篩選、
教育訓練工作、確認工作期限、工作地點內容，最後簽訂派遣確認
書，完全不必企業費心。

　　但是透過仲介找來的臨時員工，最常發生的問題是——搞不清
楚他的雇主究竟是誰？

　　由於派遣員工和人力派遣公司屬於雇傭關係、和邀派企業屬於

服務契約關係；因此派遣員工的雇主是人力派遣公司，但根據服務契約，企業有權指揮監督其工作內容。

2.如果企業自行招募臨時性員工，在少則幾個月、多則半年至一年的合作時間裡，該如何管理臨時員工？

(1)遊戲規則要說清楚、講明白：首先，遊戲規則一定要說清楚、講明白。招募時，公司一定要充分溝通勞動條件，說清楚對臨時員工在工作上的期望與要求，另一方面也得問清應徵者對於這份短期工作的想像、希望從中獲得什麼。

(2)新人訓練不可或缺：再來，公司一定要舉辦臨時員工的新人訓練，利用訓練時間，介紹工作環境、企業文化、上班時間、休息管制、懲處與獎勵規定、佣金的算法，以及哪些物品能使用或不能使用等等。

(3)一視同仁：如果你希望臨時員工對公司的承諾與付出能和正職員工相同，你也應該對他們一視同仁，將他們視為團隊的一員，千萬不要刻意區隔臨時員工，讓他們在辦公室裡有「次等公民」的感受。例如，公司的慶生、下班後的社交活動，有時也不妨邀請臨時員工參加。

(4)適當的輪調、賦予挑戰性工作：根據國外的調查，有70%的臨時派遣人力，都希望能轉為正職員工；因此，臨時員工在邀派企業中，常常有因急於表現而做出超乎分內工作的狀況，我認為這也是人之常情。

我建議，只要臨時員工已做好分內工作，在其能力可及範圍內如果願意承擔對企業正向、有幫助的工作，企業基本上還是應該給予激勵。但若臨時員工的過度熱心，已經造成辦公室裡其他人的困擾時，企業主管就得和他溝通，提醒他不要逾越專業本分。

此外，臨時員工該知道公司多少資訊？也是不少企業的疑問。我認為，臨時員工所接觸的工作內容與層級有限，只要企業機密資訊管制得宜，同時不忘和臨時員工簽訂保密切結書；工作上該知道的資訊，臨時員工知道得愈多愈好，他們才愈能融入團隊、順利完成公司交付的專案。

資料來源：李崇領（萬寶華企管顧問公司總經理），2003年4月《CHEERS雜誌》。

第五節　問題與討論

一、個案

　　立遠是大學餐旅科系的四年級學生，因為本身念的是這個科系，自己已經將經營餐廳視為未來的規劃，再加上父母的全力支持，所以除了積極在學科上努力學習，更自行爭取了許多打工及實習的機會。他在五星級旅館宴會部門已經實習了六百個鐘頭，也取得工時人員「領班」的頭銜。但是因為要自行創業，他開始在連鎖餐廳及獨立餐廳學習，發現兩者之間的差異實在很大，連他這個打工的老鳥也差一點有倦勤的現象，還好家庭的全力支持是他最好的慰藉，另外老師們的教導及餐廳主管不斷的鼓勵下，使他沒有臨陣退縮。對於未來也因為這次的考驗讓他有不同的規劃，他決定在當完兵後先在觀光旅館的餐飲部門工作三到五年，等累計一些實際管理的經驗及足夠的資金後，再好好地規劃自己未來開店事宜。如此一來更讓他可以更篤定想要投身這個行業的意念，也因為事前的充足準備，降低了許多不必要的摸索及風險。

二、個案分析

　　此案例說明了工時人員的培訓及運用實況，也指出了餐旅科系學生的未來規劃。許多餐旅業者為了鼓勵本科系的學生早日投身這個行業，特別規劃了所謂「工讀學分制度」，不但可以幫助學生取得學校規定的實習學分，也可以為學生在未來進入餐旅業累積資歷。此計畫通常為
　　1.新進打工人員：有1～3天的訓練，訓練期給於起薪的時薪（目前

行情為80～90元／小時）。

2. 打工時數累計：每一家旅館與餐廳的標準不同，但通常視其部門屬性、工作困難度、公司制度等情況而定。每滿某個標準時數後即可調整時薪，目前行情為90～120元／小時（有些作整理關店工讀生時薪會更高）。

3. 另外針對某些表現績優的學生，給於初階領導職位對其工作的認同，亦可授權讓其管理及招募打工人員，如此可以減輕人資及部門主管的工作量外，也同時為公司培訓未來的初級主管人員。

三、問題與討論

　　林經理為超級連鎖餐廳的人資部主管，因為公司屬於較舊式的餐廳，在人員招募上往往因公司的形象問題，無法吸引年輕人的目光。為了解決這個問題，林經理提出了一個非常具有吸引力的方案來招募餐旅科系的學生，但卻因為薪資部分未做全盤的考量導致部分學生的薪資及晉升比正式員工還要優惠，引起各餐廳主管及員工議論紛紛，也因此讓部分主管私下排擠學生，而引發學生與正式員工的相互對立。請問如果你是人資主管你該如何解決這個問題呢？

附錄：勞工安全衛生工作手冊範例

　　本份勞工安全衛生工作手冊，是針對旅館業的管理特色所編撰的一份勞工安全衛生工作手冊範例，供餐旅業界訂立工作規則時的參考。所有資料如下所示：

○○觀光旅館勞工安全衛生工作手冊（餐旅業）

第一章：總則

第一條：本公司依照中華民國○○年○○月○○日修正後的勞工安全衛生法實施本手冊，為防止職業災害，保障勞工安全與健康，會同勞工代表訂定適合其需要的勞工安全衛生守則，報經檢查機構備查後公告實施。

第二條：本法則內所稱的勞工，只受僱於○○觀光旅館內從事工作並獲得工資者，本法則內所稱雇主係指○○觀光旅館事業單位的經營負責人。

　　　　本法則內所稱職業災害謂勞工就業場所之建築物、設備、原料、材料、化學物品、氣體、蒸氣、粉塵等或作業活動及其他職業上原因引起之勞工疾病、傷害、殘廢或死亡等。

第三條：依據勞工安全衛生法的第二章第十二條規定，雇主於僱用勞工時應實施體格檢查，對在職勞工定期作健康檢查。

第四條：依中央主管的規定，本公司設置勞工安全衛生組織及人員，設有專職勞工安全衛生單位下有管理人員及具有證照的勞工安全衛生管理員。

第二章：事業單位的勞工安全衛生管理及各級之權責

第五條：主管人員安全衛生職務

一、作業方法的改善與工作人員的適當調配，以及任何對工作安全有改善的方案。

二、主管人員應實施不定期、定點的檢查，如有發現對勞工安全衛生有問題及危害時，必須立即糾正並報告上級主管或勞工安全衛生業務主管及雇主，且採取必要的防護措施。勞工則必須立即停止現場一切作業，退避至安全場所。

三、職業災害防止計畫事項。

四、安全衛生管理執行事項。

五、定期檢查、重點檢查、檢點及其他有關檢查督導事項。

六、定期或不定期實施巡視。

七、提供改善工作方法。

八、擬定安全作業標準。

九、教導及督導所屬依安全作業標準方法實施。

十、其他雇主交辦有關安全衛生管理事項。

第六條：勞工安全衛生管理相關人員，依法應辦理下列之勞工安全衛生管理事項

一、釐訂職業災害防止計畫，並指導有關部門實施。

二、規劃、督導各部門之勞工安全衛生管理。

三、規劃、督導安全衛生設施之檢點與檢查。

四、指導、監督有關人員實施巡視、定期檢查、重點檢查及作業環境測定。

五、規劃、實施勞工安全衛生教育訓練。

六、規劃勞工健康檢查、實施健康管理。

七、督導職業災害調查及處理，辦理職業災害統計。

八、向雇主提供有關勞工安全衛生管理資料及建議。

九、其他有關勞工安全衛生管理事項。

第三章：設備之維護與檢查

第七條：在所有設備、機械、電氣運轉有危害之虞，應依規定辦理固定
　　　　操作信號與儀表操作、相關的防護設施檢查及相關的檢查表。

第八條：雇主應使勞工於機械操作、修理、調整及其他工作過程中，有
　　　　足夠之活動空間，不得因機械原料或產品等置放過於擁擠致對
　　　　勞工活動、避難、救難有不利因素。

第九條：雇主對於勞工工作場所之通道、地板、階梯，應保持不致使勞
　　　　工跌倒、滑倒、踩傷等之安全狀態，或採取必要之預防措施。

第十條：研磨機之使用，應依下列規定

一、研磨輪應採用經速率試驗合格且有明確記載最高使用周速度
　　者。

二、規定研磨機之使用不得超過規定最高使用周速度。

三、規定研磨輪使用，除該研磨輪為側用外，不得使用側面。

四、規定研磨輪使用，應於每日作業開始前試轉一分鐘以上，研磨
　　輪更換時應先檢驗有無裂痕，並在防護罩下試轉三分鐘以上。
　　前項第一款之速率試驗，應按最高使用周速度增加百分之五十為
　　之。直徑不滿十公分之研磨輪得免予速率試驗。

第十一條：一般性安全守則

一、依旅館（餐廳）規定的安全設備，每位員工應遵守事項

　　1.不可任意拆除或破壞使其失去功能。

　　2.如果發現被拆除破壞失去功能，應立即報告主管人員或雇主請
　　　修。

二、各單位的物品材料，必須置放固定位置，不能傾斜，不可堆積
　　過高，以避免危險。並以不堵塞通道為原則，如果堆積物有危
　　險時，要禁止閒雜人等進入該場所。

三、離地面高度超過二公尺以上作業，必須設工作檯，檯上要有護

欄裝置方可作業。

四、容易引起火災的危險場所，不可使用明火或在現場抽煙。

五、勿帶危險物品或易燃物品進入工作場所。

六、消防栓、滅火器置放處不可堆積雜物或阻塞。

七、使用蒸氣、瓦斯、沸水、電器開關，需確定不會發生危險傷害時才可使用。

八、冰庫、冷凍庫內不得裝鎖，並設置反被鎖的裝置，以保護人員進出的安全。工作人員進出需穿防凍工作衣及止滑鞋。

九、使用酒精、松香水、香蕉水、去漬油、樹酯等溶劑一定要遠離熱源及隔離存放。

十、逃生門為緊急逃生口，平日應注意不可放置物品阻止通道。

十一、員工平時應注意消防器材及滅火器放置位置，並學會使用方法。

十二、保持工作區域整潔，經常檢查地面是否溼滑，並作適當的處理。

十三、為防止電氣災害，所有工作人員應遵守下列事項

　　1.電氣器材的裝設與保養，非領有電匠執照或具經驗的電氣工作人員不得擔任。

　　2.未調整電動機械修理，其開關切斷後，須豎指示牌標示，以免發生危險。

　　3.發電室、變電室、受電室，非工作人員不得進入且不能以肩負方式拿過長的物體、鐵鋁等物質通過或在其中間行走。

　　4.所有開關完全裝有鎖緊設備，應於操作後加鎖切斷開關，並不得以溼手操作，操作時應迅速確實。

　　5.非職責範圍或工作人員，不得擅自操作各種設備及機械。

　　6.如遇有電氣設備或電路著火，千萬不可用水滅火以免發生觸電，需要用不導電滅火設備。

十四、使用工作梯時應注意下列事項

1. 不可使用橫桿缺少或有缺點不安全的鋁梯。
2. 使用工作梯時不可多人同時站在梯上工作，以避免其因無法承重而跌落。
3. 使用活動鋁梯時要在下面放防滑地墊以減少滑動的危險。
4. 在工作中梯子架設在門口前要設置警告牌，並須注意行人推門碰撞的安全，必要時要派人看守及指揮或暫時封閉。
5. 使用活動梯時，梯子頂端及落角點必須穩固，上下端均須固定使其不易移動，如果梯子不牢固，在使用時一定要有人在梯旁扶著，以防止梯子滑動的危險。
6. 使用工作梯需移動時，應先下來移動梯子再爬上工作。禁止在工作梯頂以雙腳跨騎方式前進，以避免跌落。

十五、在工作時為保護自身的安全應著個人防護具，以減少意外及受傷的可能性。
1. 頭部：簡易防護口罩及工作帽。
2. 手部：防護手套。
3. 身體防護：工作服。
4. 足部防護：橡膠底工作鞋（防滑）或安全鞋。

十六、在堆放物品時，至少要留有四十五公分以上的通道。

十七、染有油污的廢棄物，應丟入不燃性的容器內，以免發生危險。

十八、搬運東西或抬舉重物時應注意下列事項
1. 一般舉抬的重物，不可超過本身體重的 30%。
2. 舉物時應利用腿的力量，而非靠背力以免發生危險。
3. 舉物時將雙腳靠近物品，一隻腳稍微在前，可以取得較佳的平衡。
4. 採取較窄的站姿，雙腳大約分開 25～35 公分。
5. 告知他人以免碰撞而發生危險。
6. 轉身時先看看後方有沒有人，才不致於有燙傷、撞擊的危險產

生。

7. 可利用推車省時又省力。

十九、大廳、走道及廁所的腳踏板或地毯若有翻起時應立即處理以
　　　避免客人跌倒。

二十、每一位員工有接受體格檢查及健康檢查的義務。

第四章：工作安全與衛生標準

第十二條：各部門工作安全守則

一、餐廳工作人員應注意事項

1. 制服要穿著舒適，過窄、過長的衣袖及破舊的鞋面均要避免，
以免發生意外。另SRAS或任何傳染性疾病發生時期，需配戴規
定的口罩。

2. 工作忙碌時請勿奔跑，以避免發生燙傷、跌傷或撞傷的情況。

3. 地面應保持清潔乾爽，當玻璃器皿、水、食物掉落地面時應立
即清理乾淨，防止發生危險。

4. 不可堆積杯盤以避免破損與意外發生。

5. 端拿熱食時要以熱墊或特別的器具取拿，並注意週遭人員的安
全。

6. 如有容易絆人的物品倒在地面，應立即清理或扶正。使用過的
盤子或玻璃器皿非常滑膩，端拿時要小心。

7. 拿過錢的手可能沾有細菌，所以不要接觸眼、口及食物，另工
作、進食前及如廁後要徹底清洗手部，或隨時以藥用酒精消毒
手部、用餐桌面及環境。

8. 看見不安全的設備、情況，應立即向主管反應，如桌椅、任何
不良設備立即搬離現場或報修。

9. 破損的玻璃器皿切勿以手拿取，以免手被割傷。

10. 在餐廳內使用瓦斯推車，如果爐火熄滅應立即關閉開關，並應
立即推出餐廳，妥善處理後再點火。千萬不可在客人面前處理

再點火以避免發生危險。

二、廚房工作人員應注意事項

1. 需著乾淨制服及戴全罩式的廚帽，以避免頭髮及異物掉落食物中造成污染，需穿合格的安全鞋防護足部及防滑。制服及帽子應隨時或定期清洗，以保持清潔。

2. 開啟容器或盒子，要使用適當的工具；留下的金屬、木頭、釘子廢棄物應妥善處理。

3. 為防止細菌感染，食物容器應蓋緊。儲放於冰箱底層的沙拉點心或其他食物要加蓋，以防止容器底部可能有細菌。

4. 罐頭食品及其他包裝好的食物要妥善存放，較重較大的要放在架子底層。

5. 使用絞肉機時，須以棍子將肉推入，不可直接用手推入以防止絞入之危險。

6. 使用切麵包機時，要等到機器停止後才可用手移動麵包，並特別注意使用此機器時不可與他人交談以免分心。

7. 炊具把手不可突出放置邊緣，不可用手直接拿熱器皿應使用鍋墊。

8. 碟子架不要放在洗碗機周圍以免手被割傷。破損的玻璃器皿切勿放入碗池或洗碗機內，以免手被割傷。

9. 在移動裝有熱湯或熱水的容器前，必須先檢視好將置放的位置會經過的通道是否暢行無阻。

10. 在清洗鍋盤時應用較緊密的鐵絲絨及銅製墊子。

11. 咖啡壺加熱時，要放置好並抓緊把手，以免熱水流出而燙傷。

12. 瓦斯管及點火器要經常檢查，一發現有瓦斯氣味應立即報告處理。

13. 冷凍庫或冰庫應備有禦寒衣，且要定期保養及更新，以保持清潔及安全。

14. 要保持自己及工作場所的安全與整潔，適當的管理可增進效率

及安全,工作時地板要隨時保持乾淨。

15. 隨時注意有沒有金屬品、玻璃、污穢物及其它有害的東西掉入食物內。

16. 損壞的器皿如鍋盤碟子,不但會影響工作且易生意外傷害,所以一旦發現應立即反應處理。

三、房務部工作人員應注意事項

1. 清理浴室,勿站在浴缸及洗手檯邊緣上,必要時要用腳墊或梯子,以避免滑落。

2. 進入黑暗的房間前應先開燈,使用開關或其他電器品時,應擦乾雙手以免觸電。

3. 架子上的物品要放置整齊,工作車運送物品時不要讓物品擋住視線,遇到轉彎時應特別小心。

4. 吸塵器、抹布、掃把、水桶等清潔用品,應放在安全地方,不可留在走道或樓梯口,以免造成意外。

5. 如果有東西掉進垃圾袋內,為了確保安全,勿直接將雙手伸進垃圾袋翻撿,可將垃圾拿出放平,倒出來檢視,以免造成意外。

6. 勿用手撿破碎玻璃器皿,刀片及其他銳利物品,應使用掃把畚斗清除,放在指定容器內,以免造成意外。

7. 發現工作區域、地板、樓梯破裂或滑溜,冰箱、電器、燈泡燒壞,空調不冷及漏水,一切設施不良時應立即報修。

8. 為了客人及自己的安全,應注意遵守禁止吸煙等所有的標示及規定事項,並要確實遵守,以免造成意外。

9. 使用電器用品時,勿站在潮溼的地面上,以免感電。

10. 勿將具有危險性的清潔溶劑放在高於頭頂位置的架上,以免發生意外。

11. 勿使用箱子、桶子或其他可堆積的物品代替梯子使用。

12. 換乾洗油或使用化學清潔溶劑時,一定要戴口罩;使用時若不

小心沾到手或身體時要立即以冷水來沖洗乾淨，以免傷害皮膚。

13.燙衣板在操作中，不可突然停止以免發生危險，使用燙衣板要十分注意，要按規定操作使用，否則會因大意而受傷。

14.操作各類蒸氣開關及各類機械要注意安全，不使用時應隨時關掉開關。

15.使用脫水機前應注意衣物是否平均放好，蓋子是否蓋好，在運轉中不可取出衣物或放入任何衣物。

16.隨時檢查所有不安全的地方：地面破損、水管漏水、電器品不良、故障的機器，暴露在外的蒸氣管應立即報修。

17.如果發現機器運轉不良時，應立即停機不可使用，並立即報修。

18.如果割傷或刮傷時，應立即上藥、就醫，以免感染細菌。

19.員工在操作所有的機械設備，一定要遵守操作說明標示，確保安全以免發生意外。

四、前檯工作人員應注意事項

　1.接待客人的服務

　　⑴保持崗位整潔，經常檢查腳踏板位置是否正確，大門轉軸是否正常及走道是否清潔暢通。

　　⑵幫客人開車門時要小心，注意安全。

　　⑶大廳及走道若有積水或有易滑物品應立即通知相關人員處理，並注意不要讓客人經過以避免客人滑倒。

　2.服務中心人員應注意的事項

　　⑴放置行李要小心，以免行人絆倒。並不可堆積過高以免滑落，造成人員受傷。

　　⑵用手推車載行李以節省人力及時間，遇到轉角時應留心，上下樓梯不可跑步。

五、工程部工作人員應注意事項

1. 在使用重型及危險性工具時，工作中應避免傷到他人。
2. 使用各種類的磨輪機時，應戴好面罩或護目保護眼睛，但忌戴手套以免捲入。
3. 走道、樓梯間、工作場所不可堆放雜物應保持其暢通。
4. 保持所有工作梯正常，將所損壞的修補或丟棄。
5. 衣櫃要保持整潔，不可置雜物，如瓶子、空箱子等。
6. 在工作中雙手潮溼或站在溼地時、上鋁梯時請勿觸碰電器用品。
7. 進食前應先洗手，不小心割傷或刮傷時應立即擦藥包紮或就醫以避免感染細菌。
8. 所有的工具應放置在安全的位置，並應養成使用完後就定位，及定時整理放置工具的櫃子。
9. 要隨時保持機房工作場所的清潔。
10. 所有值班人員一定要對各項機械做自動檢查及作成定時記錄以確保安全。
11. 使用電焊熔接要嚴防火花噴濺，工作人員必須戴防眼護目鏡以免產生意外。
12. 鍋爐、壓力容器操作需要有合格證照人員，在上班時間內要嚴守標準操作程序，及監視鍋爐壓力容器運轉的安全，不可擅自離開工作位置，若須短暫離開時必須先轉告同事暫時代理。

六、辦公室工作人員應注意事項

1. 在辦公室內任何桌椅、事務機器、電器有任何損害，應立即報修。
2. 穿著合適的服飾、鞋子，不可穿著過高的鞋子及寬鬆的衣服，穿著須按照規定。
3. 開關抽屜應儘量使用把手，不可從上面或側面拉開，以避免夾傷手指。
4. 檔案櫃抽屜使用後要馬上關上，每次只開一個抽屜，否則容易

重心不穩而傾倒導致造成意外。

5. 廢紙丟棄於垃圾桶內，要保持辦公室內整潔，以免紙屑掉落地面造成髒亂。

6. 辦公室下班時，一定要將電源、冷氣關掉，以免造成浪費及意外。

7. 辦公室內用文具夾、釘書機、迴紋針、大頭針，要注意使用上之安全。

8. 勿站在門口前，以防別人突然開門造成傷害。

9. 勿邊走邊看書、文件或喝茶。

10. 拿取高於頭頂櫃內文件檔案時，請勿使用有輪子的椅子以避免滑落。

第五章：教育與訓練

第十三條：勞工安全衛生管理人員應負責規劃及實施勞工安全衛生教育及訓練。

第十四條：所有的勞工應該接受從事工作必要的勞工安全衛生教育及訓練、預防災害訓練等的義務。

第十五條：勞工應有接受勞工安全衛生管理人員有關勞工安全衛生工作指導及安全衛生法令宣傳之義務。

第六章：急救與搶救

第十六條：如果發生意外事故災害，救人第一緊急措施外，並需保留現場原狀供調查研判事件發生原因。

第十七條：未經主管許可或指示，不得任意操作及修理任何已經發生災害的機械或設備。

第十八條：救護人員平時應保持足夠的急救藥材。

第十九條：發生事故或職業災害時，除了搶救人員、醫護人員及救護車輛外，其他人員不可在現場圍觀。安全部門人員則需控制車

輛進出及人員的管控，以避免延誤急救的時效。

第二十條：依據傷者不同的情況給於不同的急救方式：

一、頭部創傷

目標：觀察傷者，並送院診治。

1.如有不省人事，參看不省人事的處理作業。

2.如有傷口流血，參看傷口的處理之處理作業。

3.如情況嚴重，應立即送院治理。

4.頭傷後四十八小時，若有以下現象，應速往醫院檢查：

(1)頭暈及嘔吐。

(2)頭痛。

(3)頸痛及僵硬。

(4)神智不清、語無倫次或部分身體失控。

(5)昏睡。

二、休克

目標：檢定和救治休克；送院治療。

1.皮膚蒼白、出冷汗、脈搏加快，如每分鐘超過一百次，都是休克的象徵，顯示可能有內部出血。

2.處理休克的一個方法是將傷者雙足提高，增加心臟和腦部的血液供應。

3.保持傷者溫暖。

4.立刻通知醫生或送往急診室診治。

三、骨折

目標：固定傷肢，以減輕疼痛；盡速送醫。

1.觀察骨折部位：是否無法正常活動，疼痛會隨活動或觸動而增加，傷處腫起隨後出現瘀血。

2.若有休克或呼吸受阻症狀，應先處理。

3.除非處境對生命構成危險，否則不應隨便移動傷者。

4.如有傷口，可用清潔紗布或敷料覆蓋及包紮。

5.固定折骨：穩定及扶持折骨之上下位置，用木板或竹竿固定斷骨位，長度以超過上下兩關節為原則，再用繃帶包紮，將傷肢與軀體綁住。

6.立即送院治療。

四、觸電

　　目標：脫離電源；儘快送醫。

1.迅速截斷電流，才可接觸傷者。

2.如不能切斷電流，可用竹、木或木椅等絕緣物件把傷者與電源分開。

3.檢查傷者狀況，若心跳和呼吸停止，應立刻施行心肺復甦術。

4.迅速通知救護車送院救治。

五、中毒

　　目標：稀釋毒物；儘快送醫。

1.誤服藥物或化學品：徵狀嘔吐、腹痛、抽筋、神智不清、昏迷、呼吸困難、口角留有沾污痕跡。

　⑴若傷者清醒，可讓他喝大量清水或鮮牛奶。

　⑵若傷者失去知覺，切勿給他任何食物或飲品，以免食物或液體流入呼吸道。

　⑶連同致毒物質和嘔吐物樣本一同帶去醫院，以作化驗。

　⑷若十二小時後才嘔吐或腹瀉，仍要多飲水，並儘速求醫。

2.煤氣或石油氣中毒：

　⑴用防護工具或毛巾掩蓋自己的口和鼻。

　⑵打開所有門、窗；切勿打開電器開關或燃起火種。

　⑶把氣體供應關閉。

　⑷將傷者移至空氣流通的地方。

　⑸若傷者呼吸停止，應立刻施行人工呼吸。

六、窒息

　　目標：設法清除阻塞物；儘快送醫治療。

徵狀：呼吸困難、面部充血或變為紫藍色、咳嗽。

1. 除去傷者口中物，如食物碎屑、假牙等，鼓勵其咳嗽。

2. 傷者或站或坐，協助其彎腰使頭部低於肺部，用手掌大力拍他的肩胛骨之間，可連續做四次，使堵塞物自行排出。

3. 如果已見到堵塞物在口腔內，但又咳不出來，可以用手指將之挖出。

4. 必要時施行人工呼吸。

七、不省人事

目標：保持呼吸道暢通；趕快送院治療。

1. 將傷者以「復原臥姿」躺下，以防止舌頭阻塞喉部，亦可令嘔吐物容易流出。

2. 保持空氣流通，解鬆傷者的緊身衣物，如頸喉鈕等。

3. 保持呼吸道暢通，清除口中物體，如食物、嘔吐物、容易鬆脫的假牙等。

4. 檢查呼吸、脈搏、清醒程度及受傷情況。若呼吸及心跳停止，即施行心肺復甦術。

5. 處理嚴重的傷口。

6. 不可給予飲食。

7. 繼續觀察清醒程度的變化。

8. 安排送院。

第七章：防護設備之準備、維持與使用

第二十一條：本公司提供勞工使用之個人防護具或防護器具，依下列規定辦理

一、保持清潔，並給予必要之消毒。

二、經常檢查，保持其性能的可用度，不用時需妥予保存。

三、防護具或防護器具應準備足夠使用之數量，個人使用之防護具應置備與作業勞工人數相同或以上之數量，並以個人專用為原

　　則。

四、如對勞工有感染疾病之虞時，應置備個人專用防護器具，或作
　　預防感染疾病之措施。

第二十二條：對於搬運、置放、使用有刺角物、凸出物、腐蝕性物質、
　　　　　　毒性物質或劇毒物質時，配置備適當之手套、圍裙、裹
　　　　　　腿、安全鞋、安全帽、防護眼鏡、防毒口罩、安全面罩等
　　　　　　並使勞工確實使用。

第二十三條：對於勞工操作或接近運轉中之原動機、動力傳動裝置、動
　　　　　　力滾捲裝置，或動力運轉之機械，勞工之頭髮或衣服有被
　　　　　　捲入危險之虞時，應使勞工確實著用適當之衣帽。

第二十四條：對於作業中有物體飛落或飛散，致危害勞工之虞時，應置
　　　　　　備有適當之安全帽及其他防護。

第二十五條：對於在高度二公尺以上之高處作業，勞工有墜落之虞者，
　　　　　　應使勞工確實使用安全帶、安全帽及其他必要之防護具
　　　　　　（如安全網等）。

第二十六條：為防止勞工暴露於強烈噪音之工作場所，應置備耳塞、耳
　　　　　　罩等防護具，並使勞工確實戴用。

第二十七條：依工作場所之危害性，設置必要之職業災害搶救器材。

第二十八條：對於從事電氣工作之勞工，使其使用電工安全帽、絕緣防
　　　　　　護具及其他必要之防護器具。

第二十九條：有害物工作場所，依有機溶劑、鉛、四烷基鉛、粉塵、特
　　　　　　定化學物質等有害物危害預防法規之規定，設置通風設
　　　　　　備，並使其有效運轉。

第八章：事故通告與報告

第三十條：事業場所發生災害後，除了採取必要措施外，應由檢查機關
　　　　　或主管機關派員檢查，非經檢查員許可不得移動或破壞現
　　　　　場。需等待檢查機構或警察機關檢查完畢後，始可清理。

第三十一條：工作場所發生下列職業災害之一時，雇主應於二十四小時
內報告檢查機構

一、發生死亡災害者。

二、發生災害之罹災人數在三人以上者。

三、其他中央主管機關指定公告之災害。

第三十二條：安全部門若發現有任何不當的事故，應立即通知安全衛生
相關人員查明事由並且儘速處理。

第九章：其他有關安全衛生事項

第三十三條：勞工如發現公司有關安全衛生設施不當時，應立即報告主
管人員建議改善，以促進全體人員安全與健康。

第三十四條：主管人員應轉報安全衛生不當事項，建議改進合乎勞工安
全衛生法令的規定辦理。

第三十五條：本手冊未盡事宜，得隨時視情況修訂之。

第十章：附　則

第三十六條：本手冊經報○○縣市政府勞工局勞工檢查所備查後，公布
實施，變更時亦同。

第十章

工作規則

□ 學習目標

✎ 各項獎懲管理

✎ 員工申訴處理流程與作業

✎ 餐旅業的工作規則範例

✎ 問題與討論

✎ 附錄：工作規則範例

　　餐旅業是屬於高度密集的人力服務業,如何提供給顧客最優質的服務是每一位管理者最高的期望,而這個理想則必須架構在組織內所有員工的良好秩序及行為。組織為了達成這項目的,通常會藉著獎懲制度來獎勵或糾正員工的表現。

　　因此,企業體為了塑造及強化員工的某種特質,或使其達成公司要求的標準,常常自有一套管理的哲學,而這項特色往往出現在其獎懲的規範。餐旅業因具有其他產業不同的服務理念,故在獎懲規範內容與相關的管理有其不同的特性,以下分節解釋及說明。

第一節　各項獎懲管理

一、員工獎懲作業流程(如圖10-1)

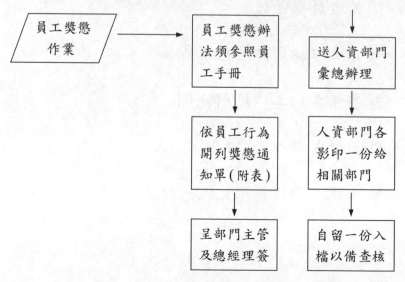

圖10-1　員工獎懲作業流程

二、作業程序

1. 員工平時表現優良或有不當者，由該部門主管填具獎懲通知單（如表10-1），送人資部門彙辦。

2. 懲罰的相關內容需要具體且有明確的規範（餐旅業的獎懲內容請參閱第三節的工作規則），而其處理的程序也必須讓員工及部門主管同時參與，將原委說明清楚。試舉例如下：（如員工犯下嚴重的過失時）

   (1)○月○日○時，因XX事件的事實，嚴重違反公司獎懲管理辦法第○條○項之規定，經於○月○日給予記小過處分，姑念初犯，寬宏處理並請員工寫下悔過書保證不再犯，若有再犯則依照公司規定（解僱）處理絕無異議。

   (2)但仍於○年○月○日再犯相同嚴重錯誤，並造成公司損失（若有實質損失應明確說明，如有客人的抱怨函或舉證最好一併附上），但該名員工並無悔過之意，一再狡辯推諉他人。經本公司召開職工獎懲會議，並經獎懲委員會通過，給予解僱處分。

3. 獎懲通知經由部門主管、人資主管及總經理共同簽核後正式生效。

4. 由人資部將相關的單據送交財務部門及各部門留底，另自存一份備檔以利後續處理。

5. 所有員工的獎懲紀錄由人資助理建檔於員工資料內，等待每一季或年終考核時將所有出勤及獎懲資料連同考核表，並事先將加扣分計算錯誤，一併送交部門主管以作為考核的重要參考資料。

6. 人資主管於獎懲的過程中應扮演溝通的橋樑，盡力與員工協調以避免產生不必要的勞資糾紛。如有員工對任何獎懲不滿時，可經公司正常申訴管道進行。但不具名的黑函一律不經由人資部門作公開的處理。

表10-1　獎懲通知單

獎懲通知單

部門：＿＿＿＿＿＿＿＿　　　　　　　　　　日期：＿＿＿＿＿＿＿＿

姓名		到 職 日	
職位		員工代號	
獎懲		生效日期	
說明			

警告等級：□私下警告　　□公　布　　□最後警告
　　　　　　□自動離職　　□開　除　　□開除及公佈通知

批　　准

＿＿＿＿＿＿　　＿＿＿＿＿＿　　＿＿＿＿＿＿　　＿＿＿＿＿＿
　單位主管　　　　部門主管　　　　人力資源部　　　　　總經理

第一聯：員工本人　　第二聯：人力資源部　　第三聯：部門主管　　第四聯：財務部

 專欄 10-1

員工服務態度不佳是否需嚴懲？

　　李家佳是餐廳的領班，在公司服務多年的她雖然工作很有效率，但她率性的服務模式卻讓客人有兩極化的反應。有一次她與一位熟客開了個小玩笑，但卻引發客人極大的不滿，認為她不尊重客人而投訴餐廳所在的百貨公司，當餐廳主管接獲百貨公司的懲戒書後非常生氣，認為李家佳已經不是第一次犯下這種錯誤，希望公司應該要嚴加處罰以維護公司紀律。

　　張玲玲是前檯的出納人員，今天本應輪她休假卻因為有一位同事家中有事臨時請假，前檯經理因她家住在附近打電話請她來支援。但她已經約了男友出遊卻無法成行，上班的情緒不是很穩定，偏偏又碰到一個夾雜不清的「傲客」。她雖然已經用了最大的耐性，但卻仍被客人數落了一番，她在忍無可忍的情況下回嘴，卻引發了這位客人在大廳的咆哮，最後在前檯經理的出面下化解了客人的不滿，但公司對她的處分才剛要開始！

　　餐旅業因同業界競爭激烈各家公司不但比產品，服務的品質更是許多高級餐廳及五星級旅館的保證。所以餐旅業者對員工的紀律非常重視，尤其是對顧客的服務，有的業者甚至將很具體的不良表現行為，清楚的列入工作手冊，最重要的目標就是要讓員工了解公司對「服務不良」的重視。但雖有嚴刑重罰的規定下，客訴抱怨仍是層出不窮，說明了員工的「服務不佳」不是只有重罰才有辦法制止，更需要主管及組織在其心理層面多加重視及激勵。許多服務人員對於自己的工作目標及公司的服務理念認識不清，也未完全被說服從事這樣一個行業，在這種懵懵懂懂的情況下往往是混日子的心態，無法認同這份工作，更不要提所謂的服務精神。今天心情快樂表現就正常，若今天因為個人因素無法調整情緒就容易與客人產生

不快，甚至爭吵。而許多工作的環境也因為主管個人情緒的影響下，無法造就一個快樂的員工，試問這樣的服務空間客人如何會感受到受歡迎或有親切的服務？

我常認為懲戒的規定只是備用的一個工具，如何凝造一個快樂、有發展的工作環境，應該要比花許多心思及力氣在規劃「如何」規範員工，要有實質的價值！

第二節　員工申訴處理流程與作業

員工申訴制度的建立

依據勞委會對員工申訴制度的定義為：「勞工於工作場所內因規章制度、管理方式、工作指派、考績獎懲等事項感到不合理或不公平時，經由雇主、上司或設有企業內申訴處理機關的專責部門申訴」，事業單位如何建立申訴管道，說明如下：

㈠如何進行建立員工申訴制度

事業單位擬建立申訴制度時，可以指定專人或數人成立籌備小組，以對申訴制度之處理組織、處理人員、處理程序……等等作適當規劃。籌備小組成員可包括各相關部門主管及員工代表。至於籌備小組召集人，可由人事單位主管擔任，或最好能由高階主管以專案方式指派專人擔任、以利於部門意見之整合。

㈡申訴處理組織應如何設立

申訴制度之處理單位，依企業之規模及其內部之組織配置狀況，而有所差別：

1. 企業規模、組織較大者：對員工申訴之處理，可設獨立之組織如申訴處理委員會，專門負責處理員工申訴案件。

2. 企業規模、組織較小者：可由人事單位、總務單位、或其他單位指定專人辦理、或採兼辦方式於不增加人員及擴大組織下辦理，另亦可採循管理層級依序往上呈報處理。

企業在設立申訴處理組織時，可以按事業單位之組織結構來分，就企業的結構而言，企業組織種類又可分為下列三種：

1. 分職式組織。

2. 直線式組織：直線式組織之企業，部屬與上司之職權和責任呈直線關係，部屬接受直接主管之指揮與管理，直接主管對部屬執行指導、監督、評估等。至於策劃、領導、協調及控制等工作，則由最高管理階層負責。因此，其組織在申訴制度的辦理上，採依管理階層循序往上呈報之方式，較為合適。

3. 職級綜合式組織：此類組織仍直線式和分職式組織的混合體，係將計畫、分析和執行部門加以分開重組，在申訴制度之設計上，較適合採委員制，其組織結構與前述分職式申訴委員會例圖類似，或設專責部門。

雇主應在事業單位內建立員工申訴制度政策聲明員工申訴政策，代表公司對員工申訴制度的基本態度與目標。良好的申訴政策，可使管理者及員工對公司的申訴制度有清晰的認知，並使申訴案件的實務處理，有一明確的方向。

三 員工申訴政策聲明之內容包括以下事項

1. 公司承認個別或集體員工對工作有關的不滿，有提出申訴的權利。
2. 建立員工申訴制度，對公司及員工均有益處。
3. 管理者應力求其決定或活動不會引起員工的不滿。
4. 管理者與員工或工會間的歧見，應在免用爭議手段下獲得妥善而快速解決。
5. 申訴程序應在無任何實際或威嚇的壓力下進行，包括管理者與員工。
6. 關於改變勞動條件或工作安排的決定，如果經員工提出申訴，在申訴程序尚未完成前，應維持其原狀。
7. 申訴案件之處理，應避免產生公司無法接受而員工要求比照的先例。
8. 其組織採用專業分工之原則，在建立申訴制度，較適合設立專門之組織機構或部門（如成立委員會或另置勞工部門），如採成立委員會方式，可由總經理或副總經理任召集人，各處主管擔任委員，人事部門主管任執行秘書，人事人員則為幹事（專門負責文書公文等業務）。 另如事業單位內部有工會組織，則部分工會之理、監事亦應任委員，其人數可透過勞資會議溝通。

四 員工申訴制度之內容

1. **處理範圍**：界定員工於何種狀況得進行申訴，即事業單位受理申訴範圍為何。例如明訂對管理規章、管理方式、獎懲或考核等感到不滿或不平，得提出申訴之規定。
2. **適用對象**：明訂何種人於遭遇不滿或不平時得提出申訴。例如明訂公司的服務人員或在職人員，或依公司實際需要所定之特定人員。
3. **申訴方式**：明訂員工提出申訴之方式。例如採書面或口頭、以電話或郵件或應向何單位提出申訴，或依管理層級循序而上……

等方式。

4. **處理程序**：規定受理申訴案件時，事業單位應以何種方式處理，並依需要訂明處理階段、每一階段處理之時間、參與處理之人員及其權限等，使申訴者得以瞭解處理過程、進行進度、處理方式及何人處理等。

5. **回覆方式**：註明接獲申訴案件從受理至處理結束，期間於何階段作初步答覆，及處理完畢後如何回覆。另有關從受理申訴至回覆之時間亦應訂明，以控制全案之處理進度。

(五)如何讓員工得知申訴相關資訊

1. **有工會組織者**：勞資雙方可透過團體協商方式，將申訴制度納入團體協約之中，同時亦應訂明勞資爭議之處理程序，使雙方建立共識，減少爭議行為之發生，並藉工會之事前參與而避免推行時之阻力；如無法簽定團體協約，事業單位亦宜與工會充分溝通後再行實施，以減少爭議。

2. **無工會組織者**：應由勞方推派代表與資方進行商討，雙方可透過勞資會議訂定之，或由資方與勞方溝通後，訂於工作規則或管理規章中，以利實施推動。

(六)申訴制度之辦法或規章訂立後，事業單位應如何進行宣導工作

1. **公布**：公告或利用公司刊物報導申訴制度之實施辦法，並告知實施之日期或試辦期間等，使員工瞭解公司已實施本項業務。

2. **教育**：於員工內部之教育訓練中安排申訴制度之課程，或於實施前作申訴制度之專案宣導教育，以使員工深入瞭解本項業務之內容、功能及如何運用等。

專欄 10-2

我國各行業實施申訴制度的現狀說明

依據行政院勞工委員會統計處針對臺灣地區事業單位員工申訴制度調查統計資料(1996)，我國的勞資爭議件數在近五年來持續增加，由八十一年之1,803件，增加至八十五年之2,659件，平均年增率10.20％。

所謂的「申訴制度」是指：企業內一種勞資自行解決勞資爭議的制度，藉此制度之實施，可以讓受僱的員工將工作場所中的不滿、不平或爭議問題迅速解決，並促進企業內勞資和諧。

依據勞委會的調查資料顯示，目前事業單位實施員工申訴的情況分述如下：

1. 事業單位已實施員工申訴制度者僅占16.80％，正規劃中占6.72％。申訴方式以「直接向老闆或人事管理等部門反映」居首，占76.25％，其次「設立申訴信箱」占42.86％，其餘「透過工會向資方反映」、「成立申訴組織，循組織體系向上反應」與「設立專線電話」皆不及10％。工業部門已實施之比率為24.08％，較服務業之12.75％為高，且隨員工規模之增加，實施比率愈高。

2. 事業單位實施員工申訴制度之依據，主要為「工作規則」占36.13％，其次「公司章程」占22.79％，「勞動法令規定」19.99％，「團體協約」占6.98％，「其他」占14.11％。

3. 事業單位實施員工申訴制度之原因，以「單位自行制定」居首占77.69％，其次為「依政府訂立之政策或輔導而設立占11.87％，其餘「工會要求」占4.01％，「員工要求」僅占2.18％，

「其他」占4.25％；而尚有76.47％之事業單位尚未規劃實施員工申訴制度，其原因以「其他溝通管道很多」居首占四成，其次「員工未要求」占36.88％，「同業多未實施」與「人力不足」分占26.91％與25.32％，其餘在20％以下。

4. 事業單位實施員工申訴制度之專責處理單位，以「直屬工作部門」居首占40％，其次為「人事部門」占30％，「總經理室占14.47％，「總務部門」占4.82％，其餘立場較客觀之處理單位「申訴處理委員會」占4.21％及「勞資關係部門」則僅占1.50％。

5. 事業單位實施員工申訴制度之平均年數為4.48年，有設立員工申訴制度事業單位之員工在85年利用本制度進行申訴之平均次數1.74次，申訴項目有51.77％之事業單位以「勞工福利」最多，其次「上司與部屬或部門間之互動與協調」占47.42％、「工作分配、調動」占43.15％，而「獎懲、考核、升遷」、「管理規章及措施」與「其他與工作有關之不滿或壓抑」則分占32.80％、27.14％與26.48％，其餘項目均在13％以下。

6. 事業單位員工對於實施員工申訴制度之反應，若以「非常滿意」100、「滿意」80、「普通」60、「不滿意」40、「非常不滿意」20，依此加權計算結果滿意度為71.25，顯示感覺滿意者多於不滿意者。其中工業之滿意度71.87略高於服務業之70.61，而製造業之滿意度71.70則接近平均值。事業單位員工對實施員工申訴制度不滿意者僅占4.29％，其原因以認為「處理人員立場不超然」者占90％以上，顯見不滿意申訴結果之員工對事業單位仍保有不信任的態度。

7. 實施員工申訴制度之事業單位，認為實施本制度有成效者占99％，其成效分別為

減少員工抱怨	占48.2%
降低員工流動率	占35.2%
上下溝通更順暢	占48.1%
主管更注意管理技巧	占31.6%
提高工作效率	占46.1%
減少同事間紛爭	占20.0%
促進勞資關係和諧與合作	占42.7%
減少勞資爭議	占18.7%

8.事業單位認為建立員工申訴制度政府應提供之協助,以「提供參考資料」居首,占54%,「提供成功案例」占45%,「派員輔導講習」與「辦理示範觀摩會」則分占27%與19%。大多數的行業亦以「提供參考資料」居首,惟運輸倉儲及通信業與工商服務業認為以「提供成功案例」居首,顯示為推展員工申訴制度,本會除提供參考資料外,同時亦多提供成功之案例,以增加事業單位採用本制度之信心。

資料來源:行政院勞工委員會統計處,1996。

第三節　餐旅業的工作規則範例

一、法源依據及工作規則的內容

依據勞基法第七十條規定：雇主僱用勞工人數在三十人以上者，應依其事業性質，就下列事項訂立工作規則，報請主管機關核備後並公開揭示之：

1. 工作時間、休息、休假、國定紀念日、特別休假及繼續性工作之輪班方法。
2. 工資之標準、計算方法及發放日期。
3. 延長工作時間。
4. 津貼及獎金。
5. 應遵守之紀律。
6. 考勤、請假、獎懲及升遷。
7. 受僱、解僱、資遣、離職及退休。
8. 災害傷病補償及撫卹。
9. 福利措施。
10. 勞雇雙方應遵守勞工安全衛生規定。
11. 勞雇雙方溝通意見加強合作之方法。
12. 其他。

二、工作規則的呈報及修改

依據勞基法施行細則第三十七條規定：雇主於僱用勞工人數滿三十人時應即訂立工作規則，並於三十日內報請當地主管機關核備。

工作規則應依據法令、勞資協議或管理制度變更情形適時修正之，修正後並依前項程序報請核備。

主管機關認為有必要時，得通知雇主修訂前項工作規則。

三、工作規則的公告

依據勞基法施行細則第三十八條規定：工作規則經主管機關核備後，雇主應即於事業場所內公告並印發給各勞工。

四、工作規則的法律效力

依據勞基法第七十條規定：工作規則違反法令之強制或禁止規定或其他有關該事業適用之團體協約規定者，無效。

第四節　問題與討論

一、個案

小苓是一位清秀可愛的實習學生，來到台北國際大飯店的咖啡廳實習已經快一個月了，剛開始她總是笑臉迎人，深得單位主管的歡心，人資朱經理也很放心，對於學校很有交代。但是一個月過後，小苓居然不告而別連續二天未上班，單位主管很緊張馬上通知人資部儘速處理。

朱經理聯絡了家裡及學校都不知她的行蹤，打了手機也未開機，只差沒有到警察局報案。第二天下午小苓的導師陪著小苓到人資部與朱經理密談，原來小苓的失蹤記居然是因為不敢到公司上班。在導師與人資經理的開導下，小苓終於說出心中的秘密，原來她在工作中遭到同事不當的言語暴力（粗話及髒話），甚至有男性同事會不小心摸到她，讓她心生恐懼而無法再來上班。人資主管一方面安撫她，立即將她調到別的部門繼續完成實習，另一方面秘密調查整件事的經過，希望能向小苓與學校方面有個清楚的交代。

二、個案分析

此案例說明了於民國九十年十二月二十一日立法院制定全文四十條的兩性工作平等法中的第十二條，對工作中「性騷擾」之定義：

1. 受僱者於執行職務時，任何人以性要求、具有性意味或性別歧視之言詞或行為，對其造成敵意性、脅迫性或冒犯性之工作環境，致侵犯或干擾其人格尊嚴、人身自由或影響其工作表現。

2. 雇主對受僱者或求職者為明示或暗示之性要求、具有性意味或性別歧視之言詞或行為，作為勞務契約成立、存續、變更或分發、配置、報酬、考績、陞遷、降調、獎懲等之交換條件。

本個案中說明了少數男性餐旅從業人員對於一些剛進入社會的小女生們，喜歡使用一些有點顏色的言語玩笑吃吃她們的豆腐，更甚者有些會藉著工作之便摸摸小手或搭搭肩。在本法通過後，多少對有此癖好的人達到嚇阻的作用。若仍有人抱持觀望及僥倖的心態（請參閱本章餐旅業的工作規則範例獎懲部分），可能會發現動一次手與口的代價是「解僱」。

三、問題與討論

　　超級連鎖餐廳的餐務員雲阿姨，是一位負責且工作主動認真的資深人員，多年來工作深受主管的肯定，但某日餐廳主管突然求救於人資主管。原來雲阿姨喜歡將喜宴的剩菜打包回家與家人分餐使用，而且餐廳主管多年來也睜一隻眼閉一隻眼的放行。近來發現其他同事居然學她打包東西回家，但打包的是公司的菜餚。經過主管的申誡，員工非常不滿地回覆同樣是打包為何有兩種處理標準。請問若你是該餐廳的人資主管，該如何處理此一獎懲不公事件？

附錄：工作規則範例

　　本份工作規則的架構起源於台北市觀光旅館商業同業公會於中華民國八十六年十月延聘專家為觀光旅館同業所編撰的一份工作規則範例，供餐旅業界訂立工作規則時的參考，並參閱多家餐旅同業後所彙整的一份資料。所有詳細內容如下所示：

○○觀光旅館（餐廳）工作規則（餐旅業）

第一章　總則

第一條：本公司為使管理制度化，依據有關法令訂定工作規則（以下簡稱本規則），凡本公司所屬員工之管理，基於誠信與互相尊重的原則訂定，除法令另有規定外，悉依本規則行之。

第二條：本規則適用於○○觀光旅館股份有限公司（以下簡稱本公司），本規則所稱之員工，係指本公司正式錄用且從事工作獲得報酬的員工。但有關臨時性、短期性或特定性工作而聘僱之定期契約人員或受本公司委任處理各種專案性工作者不在此限。其相關權利義務依聘僱契約或委任契約另訂之外，悉依本規則之規定。

第二章　任用、終止契約及保證

第三條：本公司的員工聘用原則是由資歷符合、工作表現優越，而且具有潛能的員工升遷；必要時亦會對外招募員工。

第四條：各部門因業務上需要必須增補人員時，應由各部門主管依人力
　　　　需求狀況增補。

第五條：僱用方式如下

　1.內部升遷。

　2.調職。

　3.對外招募。

　4.專案聘僱。

第六條：內部升遷與調職——需求人力部門在與人力資源部協議之後，
　　　　空缺職位可經由公司內部合格人選的升遷與調職作遞補。

第七條：本公司任用各級員工，如無適當的內部人選可做遞補，以公開
　　　　方式甄選；甄選以筆試及口試為主，必要時得增加餐旅專業技
　　　　能測驗。

第八條：凡有下列情事之一者，不得任用為本公司員工

　1.曾受開除免職處分或未辦理離職手續擅自離職者。

　2.吸食毒品或其他代用品者。

　3.患有法定傳染病者。

　4.受有期徒刑宣告尚未結案者，未諭知緩刑或未准易科罰金者。

　5.受禁治產宣告尚未撤銷者。

　6.依主管機關規定凡經衛生單位或公立醫院餐旅業體檢不合格者。

第九條：新進員工經核准錄用後，應於接獲通知後，按指定日期內向人
　　　　力資源部繳交下列證件

　1.員工資歷表。

　2.學歷證件影本一份。

　3.公立醫院或衛生單位的體格檢查證明。

　4.身份證影本兩份及正本（正本核對後發還）退伍令（現男性）。

　5.最近半年內正面脫帽照片兩張。

　6.扶養親屬表一份。

　7.指定銀行之存款帳號。

8.健保轉出單。

9.勞動契約書。

10.保證書。

11.其他必要文件。

若未能依規定時限繳齊上列文件，依公司有關管理規則議處。

第十條：新進人員須先經試用三個月，試用期經評定為不合格者，公司得隨時停止試用，工資發至停止試用日為止。並依勞基法第十一條、第十二條、第十六條、第十七條規定辦理。對於特殊案例，公司得延長、縮短或免除試用期。

第十一條：新進員工於試用期滿前七天交由部門主管考核，試用考核表應於試用期滿前三天內送回人力資源部辦理有關事宜。

第十二條：試用員工於試用期滿，並經單位主管確認後得為本公司之正式員工，試用期間年資併入工作年資計算。

第十三條：凡本公司有下列情形之一者，本公司得經預告後終止勞動契約

1.歇業或轉讓時。

2.虧損或業務緊縮時。

3.因不可抗力全部或局部暫停工作在一個月以上時。

4.因業務性質變更，有減少員工之必要，又無適當工作可供安置時。

5.員工對於所擔任之工作確不能勝任時。

第十四條：本公司員工在產假期間或職業災害醫療期間，若本公司遭天災事變或其他不可抗力致事業不能繼續，得報請主管機關核定後終止勞動契約。

第十五條：依本規則第十三條或第十四條規定終止勞動契約時，預告期間依下列各款之規定

1.繼續工作三個月以上一年未滿者，於十日前預告之。

2.繼續工作一年以上三年未滿者，於二十日前預告之。

3.繼續工作三年以上，於三十日前預告之。

員工於接到上列預告後，得於工作時間請假外出另謀工作，其請假時數，每星期不得超過二日，請假期間薪資照給。並依下列規定發給資遣費

1. 勞動基準法適用後之給付標準，以在本公司繼續工作，每滿一年發給相當於一個月平均工資之資遣費。

2. 依前款計算之剩餘月數或工作未滿一年者，依比例計給之，未滿一個月者以一個月計。

第十六條：平均工資謂計算事由發生之當日前六個月內所得工資總額，除以該期間之總日數所得之金額；工作未滿六個月者，謂工作期間所得工資總額除以工作期間之總日數所得之金額。但下列各款期間之工資及日數均不列入計算

1. 發生計算事由之當日。

2. 職業災害之醫療期間。

3. 工資減半發給之產假。

4. 公司因天災、事變或其他不可抗力而不能繼續事業，致員工未能工作之期間。

工資按工作日數、時數或論件計算者，依前項計算方式所得之平均工資數額，如少於工作期間所得工資總額除以實際工作日數所得金額百分之六十者，以百分之六十計。

第十七條：本公司員工自請辭職准用前條規定預告本公司，主管級以上人員經雙方同意另行以契約約定預告期間者不在此限，若未經預告即離職致本公司遭受損害時，應負損害賠償責任。

第十八條：員工有下列情形之一者，本公司得不經預告予以解僱，除不發給預告期間工資及資遣費外，如因而使公司遭受損害應另負賠償責任

1. 於訂立勞動契約時為虛偽意思表示，使本公司誤信而有損害之虞者。

2. 對本公司負責人，各級主管或其他員工及其家屬，實施暴力、恐

嚇、強暴、脅迫或重大侮辱之行為者。

3.受有期徒刑以上之宣告確定，而未諭知緩刑或未准易科罰金者。

4.故意損耗本公司軟硬體設備或故意洩露本公司技術上、業務上秘密，致本公司蒙受損害者。

5.無正當理由連續曠職三日或一月內曠職累計達六日者。

6.違反勞動契約、保密合約或工作規則情節重大者。

7.符合本規則第六十七條有關解僱懲戒處分情事者。

第十九條：員工保證人條件如下

1.經管錢財或物品的員工，得以具有登記資本額新台幣五十萬元以上，並經當地縣市政府核發營業執照的舖保一家為保證人，或委由任五職等以上之公務人員二人連保，或股票上市之經理級以上人員二人連保。

2.其餘員工僅需戶口保一人為保證人。（本公司員工及配偶不得為其保證人）

第二十條：員工保證人的責任、換保、更動等如下

1.保證人之責任如保證書上各項記載，負責保證被保證人在職期間遵守本公司一切有關規定，如有盜竊公款、公物及一切不法行為時，保證人願負法律賠償責任，並願放棄先訴抗辯權。

2.保證責任自被保證人離職起滿一年後，因未發現被保證人任職期間內有任何過失而免除，保證書得申請退還保證人。

3.保證人如欲中途退保，應以書面向本公司提出申請俟被保證人另行覓妥保證人，並經本公司同意更換保證人後，始得解除其保證責任。

4.保證人有下列情事之一者，被保證人應立即報告公司更換保證人

⑴保證人死亡、犯案、宣告破產、信用資產有重大變動而無力保證者。

⑵舖保的廠商、店號宣告倒閉、勒令歇業或自行停止營業或解散者。

第三章　員工服務紀律與守則

第二十一條：凡本公司員工，必須遵守本公司制訂之一切規章，若有違反者依相關懲戒辦法懲處。

第二十二條：凡本公司員工應體認公司餐旅業之特性，以親切誠懇之態度從事服務工作。員工從事服務工作時，應注意下列行為

1. 工作時間內，非經主管同意，無正當理由不得擅離職守或接待親友。
2. 工作時應著公司規定制服，制服應經常保持清潔，並應隨時注意是否有缺扣、破損或污漬，以維觀瞻。
3. 儀容須隨時保持乾淨、清爽，不得過分裝扮並遵守本公司服裝儀容規定。
4. 嚴禁向顧客索取額外小費。
5. 拾獲顧客或員工遺失之物品，應立即送交主管處理，不得有侵占之行為。
6. 工作時間內不得閱讀書報、吃零食、下棋、打瞌睡或為其他私人工作，凡有礙觀瞻之行為一律禁止。
7. 員工不得使用本公司指定客用電梯或客用廁所。
8. 嚴禁媒介色情、賭博、竊盜等違法行為，亦不得私自向顧客收取外幣或私自導遊及收購或託購物品。
9. 員工交接班時必須將待辦工作事項、使用器具等交代清楚，廚房人員應檢視爐火後始可離去，若因交代不明以致公司受損，除應視情節輕重懲處並需負損害賠償責任。

第二十三條：員工應接受上級合理之督導與指揮，員工有事向上級報告時，除經主管核可外，應按級呈轉，不得越級報告。若有特殊情事下情無法上達，得透過人力資源部轉呈意見。

第二十四條：員工對於因工作上或業務上所知悉之秘密，均不得對外洩漏。

第二十五條：員工不得自行對外發表有關本公司之言論，在外之個人品德或任何行為不可損及本公司之信譽。

第二十六條：員工不得參加非法組織或集會，張貼或散發不法的告示、傳單。

第二十七條：員工不得故意損耗本公司軟硬體設備，若因此致本公司蒙受損害者，應負損害賠償之責。

第二十八條：員工不得故意對同仁個人資歷或健康等做不當的評論。

第二十九條：員工不得在工作時間內飲酒（但因業務需求者不在此限）、使用違禁品、嚼食檳榔或在禁煙場所吸煙或在工作場所攜帶違法或危害公眾安全之物品。

第三十條：員工須按公司相關規定申請領用公務用品，不得擅自取用。

第三十一條：主管不得在公司內自組互助會，亦不可在工作場所聚賭及抽頭，員工不得利用職權圖利自己或他人。

備註：此部分因應餐旅業行業的特性，將員工工作與服務上應注意的特性皆列出。

第四章　考勤及請假

第三十二條：本公司員工除另有約定外，須依規定時間出勤，若有必要得作彈性調整。

第三十三條：本公司採刷（打）卡管理辦法，員工上下班應統一由公司規定的出入口進出，員工需親自刷（打）卡記錄出勤情形，刷卡時應一律配戴服務證以資識別。

第三十四條：員工若刷（打）卡上班後，服勤中未經許可或請假獲准不得隨意擅離職守。凡擅自外出者，一經查獲即以曠職論，若因此而耽誤工作時，另依照情節議處。

第三十五條：各單位上班時間

1. 後勤辦公室人員：週一至週五每日正常工作時間自上午九時起至下午五時止，共計八小時；週六上午九時至十二時（隔週休假）。

（其中每工作四小時應有卅分鐘之休息，但因工作有連續性或緊急性者得在工作時間內另行調配）

2. 各營業單位員工工作時間採輪值排班制，除部分工時員工外，每雙週工作時間總時數是八十四小時（不含用餐、休息時間）。

員工輪值排班表由各店主管提前排定，除特殊狀況外員工應按排定時間準時上下班，並親自刷卡記錄出勤狀況。

第三十六條：本公司有關考勤之規定（詳見本公司員工考勤規定），

員工出勤時間以打卡記錄為準，若因故漏打卡需由部門主管簽核註銷。

1. 員工逾規定上班時間出勤者，視為遲到一次。在規定下班時間前擅離工作場所者，視為早退一次。依此類推，累計次數，以做為績效評核參考依據及依本公司相關考勤管理辦法之規定辦理。

2. 未經辦理請假手續或假滿未經續假，而擅不出勤者；或在工作時間內未經主管准許或辦理請假手續，擅離工作場所或外出者，均以曠職論。

3. 託人或替人打卡者，經查屬實，該日以曠職論並依本公司相關考勤管理辦法之規定辦理。

第三十七條：曠職相關規定

1. 員工未經請假或假期屆滿未經續假或請假未准，擅自不上班一律以曠職論。

2. 員工曠職一天當日薪資不發並記申誡一次，員工連續曠職二日，該二日薪資不發並記大過一次。

3. 員工無故連續曠職三天，或當月累計曠職六天即予解僱。

第三十八條：各部門主管應負責監督其部屬出勤情況，並對總經理負責。經常遲到和早退的職員，其主管應了解其理由，並採取改進措施。

第三十九條：本公司員工如因服務單位之需要而須加班，需事先填寫「加班申請單」並經部門主管核准後，始得加班。各單位

的「加班申請單」應於月底核算統計「每月加班時數統計
表」，並於次月五日前由部門主管覆核無誤後，彙集交人
力資源部查核後，經總經理最後核備。

第四十條：本公司為中央主管機關指定之行業，工作時間之變更及調整為

1. 四週內正常工時分配於其他工作日之時數，每日不得超過二小時。
2. 當日正常工時達十小時者，其延長之工作時間不得超過二小時。
3. 二週內至少應有二日之休息作為例假，不受勞基法第三十六條之限
   制。
4. 女性勞工，除妊娠或哺乳期間者外，於夜間工作不受勞基法第四十
   九條第一項之限制，本公司應提供完善安全衛生相關設備。
5. 本公司員工如因業務需要，得由各級主管決定並經員工同意後延長
   工時，每日得延長至四小時，男性員工一個月總時數不得超過四十
   六小時，女性員工一個月總時數不得超過三十二小時。
6. 因天災、事變或突發事件，必須員工於正常工作時間外工作時，得
   將正常工作時間延長之，並於延長開始後二十四小時內呈報當地
   主管機關核備。延長之工作時間，本公司於事後補給員工以適當
   之休息。
7. 延長工時二小時以內應照正常工資加給三分之一，其後再延長二小
   時以內者加給三分之二計算。例假日、休假日、國定紀念日或特
   別休假日而無休假，經勞工同意擇日另行補休。
8. 延長工時以每小時為基準，超過三十分鐘不足一小時者以一小時
   計。

第四十一條：本公司因特殊工作需要，得就部分員工實施彈性工作時
　　　　　　間，擔任前項特殊工作之員工，如符合勞基法第八十四條
　　　　　　之一者，本公司得以書面約定方式，報經主管機關核備
　　　　　　後，排除工作時間、例假、休假、女性夜間工作之限制。

第五章　假日及休假

第四十二條：員工請假區分為事假、普通病假、公傷病假、婚假、產
假、陪產假、喪假、公假及特別休假等九種，給假日數及
工資給付規定如下

假別	定　義	限　定	薪　給
事假	因事需親自處理者	全年合計不得超過十四日 為免影響業務，除經部門主管核准外，事假不可連請三日（含）以上。	不給工資
普通病假	因普通傷害、疾病或生理原因必須治療或休養者	1.未住院者：一年內合計不得超過 30 日。 2.住院者：二年內合計不得超過一年。 3.未住院傷病與住院傷病假二年內合計不得超過一年。 普通傷病假超過前述規定之期限，經以事假或特別休假抵充後仍未痊癒者，得予留職停薪，但留職停薪期間以一年為限。 普通傷病假，須附醫師診斷書或健保卡蓋章證明。	普通傷病假一年內合計未超過三十日部分，工資折半發給，其領有勞保普通傷病給付未達工資半數者，由雇主補足。除試用期員工外，正式員工普通傷病須住院長期療養者，住院期間在三個月以內，除由公司代申請勞保普通傷病給付外，未達原領工資部分由公司補足。
公傷病假	因職業災害致傷病者	1.須檢附診斷證明書。 2.須填具報告書。	工資照給
婚假	本人結婚者	八日	工資照給
產假	女性員工分娩者	八週（含例假日）	工資照給
	妊娠三個月以上流產者	四週（含例假日）	
	以上二者到職未滿六個月者		工資減半發給

陪產假	1.男性員工配偶 生產者。 2.連續工作滿三 個月以上者。	1.二日。 2.事後補驗戶口名簿或醫院證 明。	工資照給
喪假	父母、養父母、繼 父母、配偶喪亡	八日	工資照給
	祖父母、外祖父 母、子女、配偶 之祖父母、父 母、養父母或繼 父母喪亡	六日	工資照給
	兄弟姊妹喪亡	三日	工資照給
公假	奉派出差、考 察、訓練、兵役 召集等	視需要而訂 須附公假申請單及相關證明文 件	工資照給
特別休假	任職一年以上未 滿三年者	七日	工資照給
	任職三年以上未 滿五年者	十日	
	任職五年以上未 滿十年者	十四日	
	任職十年以上者	每年加給一日至三十日止	

註☞ 1.請婚假須於結婚前後二個月內一次連續請完。

2.除產假與三十日以上之假日者外,一般假別不含例假、國定假日、休假日。

第四十三條:請假手續規定——員工因故必須請假者,應事先填寫請假單,並檢附相關證明文件,逐級核定後方可離開工作崗位,如遇急病或臨時重大事故,得於當日內委託同事、家屬、親友或以電話、傳真、限時函件報告單位主管代辦請假手續。如需補述理由或提供證明,當事人應於三日內提

送，由工作單位按權責核定，凡請假手續不全，未經續假
或請假日數逾法定期限者，均以曠職論。

第四十四條：員工事假及普通傷病假全年總日數之計算均採曆年制，自
每年一月一日起至同年十二月三十一日止。

第四十五條：員工請假由主管依分層授權原則核定。請假以半天為計算
單位，未達半天者以半天計，超過半天未達一天者以一天
計。

第四十六條：員工特別休假採協商排休方式，其休假日期得與部門主管
協商後排定之。申請特別休假者，須在一週前提交部門主
管簽核，送人力資源部存查。

第四十七條：業經核准之員工輪休日，除確因業務需要或特殊事故經部
門主管特准外，不得更改。

第四十八條：本公司員工特別休假在年度終結或終止契約而未休完者，
如因公務所需其應休未休之日數，將發給不休假工資，或
與部門主管商議展期至翌年度。（但以二個月為限，並需
在展延前三個月取得人力資源部及執行副總書面核准。）

第四十九條：員工曾辦理留職停薪者，其當年度休假依照留職停薪之期
間比例扣除。

第六章　薪資

第五十條：新進人員自報到日起支薪，離職時薪資發放至奉准離職日
止。

第五十一條：員工薪資於每月X日發給一次，遇發薪日為例假日或國訂
假日時則提前一日發放。

第五十二條：員工薪資依個人工作之繁簡難易、職責輕重及所需學經歷
專長，由公司與員工議定之，且定期作正式的審核及適當
的調整。

第五十三條：員工對於個人所支領的薪資及獎金應予保密，不得對外公

開或相互探聽、討論。

第五十四條：本公司為激勵員工士氣，提升服務品質，視績效情況發放
績效獎金，其相關辦法另訂之。

第五十五條：本公司為慰勉員工工作辛勞，另外發放年節獎金，分別於
端午、中秋及農曆春節發放。

第五十六條：本公司之正式員工於營業年度終了時，結算如有盈餘，依
公司相關規定分配獎金，年度內工作滿三個月未滿一年者
依到職日比率發給年終獎金，其發放標準另依相關辦法辦
理。

第七章　獎懲

第五十七條：本公司員工之獎勵分為「獎金」、「記大功」、「記功」、
「嘉獎」由部門主管或人力資源部視實際情事簽報獎勵。

第五十八條：員工之獎勵以嘉獎三次等於記功一次，記功三次等於記大
功一次，並得視情況酌發獎金。

第五十九條：員工有下列情形之一者得予「嘉獎」
1.品行優良，工作認真克盡職守，能為員工楷模者。
2.領導有方，使業務工作推展有相當成效者。
3.其他對本公司或公眾利益之行為具有事實證明者亦得獎勵。
4.拾金不昧（價值新台幣壹仟元以上者）。
5.受國內外有關政府機關表揚者。

第六十條：員工有下列情形之一者得予「記功」
1.對於主辦業務有重大推展或改革績效者。
2.執行臨時緊急任務能依期限完成表現良好者。
3.對突發事件處理得宜，而將損害減至最低程度。
4.撙節開支，節省公司開支有具體成效者。
5.研究改善所屬部門工作流程，提高品質、降低成本有顯著功效者。
6.有其他功績者。

第六十一條：員工有下列情事得酌予「獎金」或「記大功」

1. 對主辦業務有重大革新，提出具體方案，經採行確有重大成效者。

2. 對於舞弊或有危害本公司權益情事，能事先舉發或防止，而使公司減免重大損失者。

3. 經辦重要業務成績特優或有特殊勳績者。

4. 遇非常變故臨機應變，措施得當，勇敢救護保全人命或公物者。

5. 有其他重大功績者。

第六十二條：本公司員工之懲處分為「解聘」、「記大過」、「記過」、「申誡」由直接主管或人力資源部簽報懲處之。

第六十三條：本公司員工之懲處，申誡三次等於記過一次，記過三次等於記大過一次，累記大過三次應予解聘。若觸犯刑法者，並得送司法機關偵辦。

第六十四條：員工具有下列情形之一者，應予「申誡」處分

1. 在工作場所談天、嬉笑、喧嘩或怠忽、休息、打瞌睡者。

2. 在工作時間擅離職守或不假外出辦理私務者。

3. 對顧客請求事宜故意刁難者。

4. 初次不服從主管人員合理指揮者。

5. 浪費公物，情節輕微者。

6. 因疏失致發生工作錯誤情節輕者。

7. 言行不檢，態度傲慢，經勸誡不聽者。

8. 服裝儀容未符合相關規定者。

9. 未經請假曠職一天者。

第六十五條：員工有下列情形之一者，應予以「記過」處分

1. 散布不利公司謠言，致對公司有不良影響者。

2. 對同仁惡意攻訐或誣告、偽證而製造事端者。

3. 利用本公司名義在外招搖撞騙而有具體事證者。

4. 服務態度不佳，開罪顧客影響公司聲譽，並經顧客檢舉有實證者。

5. 擅自取持營業用品或攜帶剩餘酒菜者。

6. 投機取巧隱瞞矇蔽，謀取利益者。

7. 申誡事項嚴重者，或其他違規合於記過處分者。

第六十六條：員工有下列情形之一者，予以「記大過」處分

1. 故意浪費公司財物或辦事疏忽使公司受損嚴重者。

2. 違抗命令或有威脅侮辱主管之行為，情節較重者。

3. 行為不端損及公司名譽情節重大者。

4. 公然撕毀公文文件者。

5. 代替他人刷上下班記錄卡。

6. 工作時間與人爭吵嚴重影響工作秩序。

7. 遺失經管之資材、文件、印信者。

8. 未經請假連續二天曠職者。

9. 留宿外人於員工宿舍者。

10. 記過事項嚴重者，或其他違規合於記大過處分者。

第六十七條：員工具有下列情形之一者，應予「解僱」處分

1. 假借職權營私舞弊者。

2. 盜竊公司財物，挪用公款。

3. 攜帶違禁品進入工作場所者。

4. 在公司內酗酒、賭博或毆鬥者。

5. 利用工作時間擅自在外兼職或請假在外兼職者。（經公司書面同意者除外）

6. 洩漏公司業務、管理、技術上之機密而造成公司重大損失者。

7. 品行不端或利用公司名義在外招搖撞騙造成公司嚴重損害者。

8. 在公司內有妨害風化行為具有具體事證者。

9. 觸犯刑法被判刑確定，而未為緩刑或易科罰金之宣告者。

10. 連續曠職三天或全月曠職累計達六日以上者。

11. 全年累計經功過相抵記大過達三次或一次記大過達二次者。

12. 偽造文書者。

13. 其他重大過失或不當行為導致公司遭受嚴重損害者。

14. 對本公司負責人、各級業務主管或其他員工及家屬恐嚇、強暴脅迫或重大污辱者。

15. 在本公司內有傷害風紀、性騷擾、或媒介色情者。

16. 向顧客索取額外小費。

17. 私自向顧客收取外幣,或私自導遊及收購或託購物品。

18. 其他不屬上列事項之不當行為,情節重大應予解僱處分者。

第六十八條:員工之獎懲,應敘明事實由人力資源部以公文通知本人,並公告之。

備註:本章的獎懲方式由各公司依其需要訂定之,但應注意主管機關核定時,對懲戒要求具體明確

第八章 退休與離職

第六十九條:本章中所稱服務年資,自員工正式報到就職日起,至退休、退職日止,在本公司服務期間,未滿六個月者以半年計,滿六個月未滿一年則以一年計。

第七十條:本公司員工的年齡認定,以國民身份證記載之出生年月日為準,計算至核准退休、退職生效之日為止,期間之實足年齡。

第七十一條:本公司員工符合下列情形之一者,得自行申請退休

1. 年滿五十五歲者且服務本公司滿十五年以上者。

2. 連續於本公司工作滿二十五年以上者。

第七十二條:本公司員工符合下列情形之一者,得強制其退休

1. 員工年滿六十歲者。

2. 心神喪失或身體殘廢不堪勝任工作者。

前項第一款所規定年齡,對於擔任具有危險或堅強體力等特殊性質之工作者,得由本公司報請中央主管機關予以調整,但不得少於五十五歲。

第七十三條:員工退休金的給付標準如下

1. 勞基法實施前（民國八十七年二月二十八日以前）之年資，其給付標準依本公司自訂辦法。

2. 勞基法適用以後年資或基數計算依勞動基準法有規定辦理，但合計適用前後最高給付以不超過四十五個基數為限。

3. 強制退休之員工，其心神喪失或身體殘廢係因公所致者，除依勞基法規定計算退休金外，另加給百分之二十。

4. 本條中所稱因公而致心神喪失或身體殘廢及死亡者，適於下列情況：

   (1)因執行職務發生危險所致。

   (2)因出差遭遇危險所致。

   (3)在工作處所遭受不可抗力之危險所致者。

第七十四條：員工退休之申請，須於一個月前提出申請，經總經理核准，並辦妥離職手續後，始得正式退休。

第七十五條：本公司為支付員工退休金，提撥勞工退休準備金，專戶存於中央信託局，並不得讓與、扣押、抵銷或擔保。

第七十六條：退休金之給與，於核准或強制退休並辦妥離職移交手續後三十日內一次給付之。但如本公司發生財務困難，無法一次發給時，得報請主管機關核定後分期給付。

第七十七條：員工因故不能繼續在本公司服務者，得申請辭職，其預告期間準用本規則第十五條規定，並在該期間內完成離職手續。如未預告致使本公司受損者，員工應負損害賠償之責任。

第七十八條：離職員工於辦妥離職手續後，本公司得發給離職證明書。

第七十九條：本公司離職手續包括下列各項

1. 工作內容之交接（需由部門主管及接任工作者簽名始生效）。

2. 歸還因公司業務所得到之一切資料。

3. 交還在職時所使用的一切公司財產。

4. 結清有關公司財務之一切帳款。

5.清償國內外訓練費用（視個人狀況而訂）。

6.待辦或辦理中的重要案件。

完成上述手續之後，所有資料送請總經理批准後，連同員工異動資料表送交財務部，以核發薪資。離職員工之薪資日依本公司員工薪資發放日統一發給。

第九章　職業災害補償

第八十條：本公司員工因遭遇職業災害而致死亡、殘廢、傷害或疾病時，依列規定予以補償。但如同一事故依勞工保險條例或其他法令規定（商業保險）公司已支付費用補償者，本公司得予以抵充之。

1.受傷或罹患職業病時，補償其必須之醫療費用。職業病之種類及其醫療範圍依勞工保險條例有關之規定。

2.在醫療中不能工作時，按其原領工資數額予以補償。但醫療期間屆滿二年仍未能痊癒，經指定之醫院診斷審定為喪失原有之工作能力，且不合殘廢給付標準者，得一次給付四十個月之平均工資，免除此項工資補償。

3.經治療終止後，經指定之醫院診斷審定其身體遺存殘廢者，按其平均工資及殘廢程一次給予殘廢補償。殘廢補償標準依勞工保險條例有關之規定。

4.遭遇職業災害或罹患職業病而死亡時，給與五個月平均工資之喪葬費外，並一次給與其遺屬四十個月平均工資之死亡補償。其遺屬受領死亡補償之順位如下：

⑴配偶及其子女。

⑵父母。

⑶祖父母。

⑷孫子女。

⑸兄弟姐妹。

第八十一條：上述員工之受領補償權，自得受領之日起，因二年間不行使而消滅。受領補償之權利，不因員工之離職而受影響，且不得讓與、抵銷、扣押或擔保。

第八十二條：本規則所稱因執行職務而死亡之認定，依勞工安全衛生法第二條並準用「員工保險被保險人因執行職務而致傷病審查準則」之規定。

第八十三條：本公司員工如非因遭受職業災害而在職死亡者，本公司代向勞保局申請喪葬津貼及遺屬津貼，並發放員工X個月所得之撫卹金。

第八十四條：死亡員工如無遺屬時，得由其服務部門向人力資源部申報，由公司指派人員代為安葬。

第十章　福利與安全衛生

第八十五條：本公司員工均由公司依法令規定辦理勞工保險、全民健康保險，以保障員工生活、增進員工福利。本公司之員工到職後，如尚未辦妥勞工保險及全民健康保險手續，發生意外事故，致受傷害者，應照相關保險條例規定辦理之。

第八十六條：本公司為提高人力素質，增進員工工作知識、技能，得依員工本身條件及工作需要，實施下列有關訓練，員工應配合實行。

1. 安全衛生教育及預防災害之訓練。
2. 職前訓練。
3. 在職訓練。
4. 其他專長訓練。

第八十七條：本公司設置職工福利委員會綜理福利金之籌劃、保管、運用及其他有關福利事項。

第八十八條：本公司年度決算如有盈餘，除提繳稅款、彌補虧損、提列法定公積金及股息外，對於全年工作辛勤且無過失之員

工，依照公司章程規定撥付員工獎金。

第八十九條：本公司為防止職業災害，保障員工健康，依勞工安全衛生
　　　　　　有關法令，辦理安全衛生工作，並定期為員工舉辦健康檢
　　　　　　查。

第十一章　兩性平等

第九十條：本公司對求職者或受僱者之招募、甄試、晉用、分發、配
　　　　　置、考績、陞遷、提供教育、訓練、薪資之給付、各項福利
　　　　　措施、退休、資遣、離職及解僱等，不因性別而有差別待
　　　　　遇。但工作性質僅適合特定性別者，不在此限。

第九十一條：本公司之工作規則、勞動契約或團體協約，不得規定或事
　　　　　　先約定受僱者有結婚、懷孕、分娩或育兒之情事時，應行
　　　　　　離職或留職停薪；亦不得以其為解僱之理由。

第九十二條：本公司性騷擾之防治

1. 員工於執行職務時，任何人不得以性要求、具有性意味或性別歧視
之言詞或行為，對其造成敵意性、脅迫性或冒犯性之工作環境，
致侵犯或干擾其人格尊嚴、人身自由或影響其工作表現。

2. 雇主不得對受僱者或求職者為明示或暗示之性要求、具有性意味或
性別歧視之言詞或行為，作為勞務契約成立、存續、變更或分
發、配置、報酬、考績、陞遷、降調、獎懲等之交換條件。

第九十三條：本公司促進工作平等措施

1. 女性員工因生理日致工作有困難者，每月得請生理假一日，其請假
日數併入病假計算。生理假薪資之計算，依各該病假規定辦理。

2. 女性員工分娩前後，給予產假八星期；妊娠三個月以上流產者，給
予產假四星期；妊娠二個月以上未滿三個月流產者，給予產假一
星期；妊娠未滿二個月流產者，給予產假五日。

3. 女性員工任職滿一年後，於每一子女滿三歲前，得申請育嬰留職停
薪，期間至該子女滿三歲止，但不得逾二年。同時撫育子女二人

以上者，其育嬰留職停薪期間應合併計算，最長以最幼子女受撫育二年為限。

4. 於育嬰留職停薪期間，得繼續參加原有之社會保險，原由雇主負擔之保險費，免予繳納；原由受僱者負擔之保險費，得遞延三年繳納。

5. 於育嬰留職停薪期滿後，申請復職時，除有下列情形之一，並經主管機關同意者外，不得拒絕。

(1)歇業、虧損或業務緊縮者。

(2)依法變更組織、解散或轉讓者。

(3)不可抗力暫停工作在一個月以上者。

(4)業務性質變更，有減少受僱者之必要，又無適當工作可供安置者。

(5)因前項各款原因未能使受僱者復職時，應於三十日前通知之，並應依法定標準發給資遣費或退休金。

6. 子女未滿一歲須受僱者親自哺乳者，除規定之休息時間外，每日哺乳時間二次，每次以三十分鐘為。前項哺乳時間，視為工作時間。

7. 女性員工為撫育未滿三歲子女，得請求為下列二款事項之一

(1)每天減少工作時間一小時；減少之工作時間，不得請求報酬。

(2)調整工作時間。

8. 女性員工於其家庭成員預防接種、發生嚴重之疾病或其他重大事故須親自照顧時，得請家庭照顧假，其請假日數併入事假計算，全年以七日為限。

第十二章　勞資意見溝通

第九十四條：本公司依據勞資會議實施辦法，定期舉行勞資會議。

第九十五條：本公司設置勞工意見箱，以促進勞資雙方之意見溝通。

第九十六條：員工對本公司之懲處及其他管理措施，認為有不當或不合

理之處者，得經由行政主管向本公司申訴處理。

第十三章　附則

第九十七條：本規則如有未盡事項，依照有關法令之規定辦理。本規則
　　　　　　呈報主管機關核准後公告施行；修正時同。

第九十八條：員工若對本規則有任何疑義，統一由人力資源部負責解
　　　　　　釋。

第十一章

激勵與溝通

□學習目標

✎ 餐旅業激勵員工的方法

✎ 溝通的技巧與運用

✎ 問題與討論

餐旅業對於員工工作服務品質的呈現非常重視，由上一章的員工獎懲制度即可得知一、二，但如同專欄10-1所提嚴刑重罰並不足以激發員工心中對這份工作的重視程度，唯有設定正確的激勵制度才有辦法真正將員工內心的需求及期望引發出來，進而發揮於工作上並實現自我的理想及得到肯定，如此才能發揮員工潛力而提升整體服務品質。餐旅業對於員工的激勵與其他產業有不同的方向，以下分節解釋及說明。

第一節　餐旅業激勵員工的方法

一、為什麼要激勵員工的原因

㈠降低人事流動率

餐旅業基層人員的流動率一向很高，原因有：

1. 工作辛苦，還需輪班或上兩頭班。
2. 報酬不高，服務人員起薪大多二萬元左右。
3. 服務要求嚴格，且顧客對公司及人員的標準也日漸繁瑣。
4. 社會認同度不夠，部分家長不願意孩子從事此種拋頭露面的工作。

餐旅業者一定要設立適度的激勵制度使員工熱愛工作，才有辦法留住人才。

㈡節省相關的人事費用

人事流動率降低後，可為組織節省任用及訓練新進員工的人事費用，更可為主管省下教導的時間與精力。

㈢更穩定的生產力與優良服務品質的呈現

在一批又一批的新手輪番上陣時，整個工作服務品質可以維持在一定的水準。員工對工作的認同度高，共同營造愉快的工作環境，顧客立即可感受出賓至如歸的高服務品質。

㈣缺席率的降低

有原動力的員工自我管理意識強，準時上班且不輕易請假，組織不必再花許多時間在調度人手上，人資部門更不必約束甚至開除一些缺席頻繁者。

㈤為組織奠定永續經營的基礎

完整且健全的激勵制度，不但可以解決以上所列的人事管理問題，更可為組織培育各階層的人才且善盡職守，為未來永續經營打下良好的基礎。

二、員工激勵要素

激發員工原動力的要素：

㈠薪資福利

依據亞柏漢馬斯洛(Abraham Maslow)認為人類的需求分為五種——生理需求（食物）、安全需求（工作）、社交需求（親情朋友）、自我需求（被認同）及自我實現的需求。薪資與福利對員工而言，僅是最基層的需求，所以人員流動率的主要原因是「薪資與福利」的假象，是人資管理應該早日破除的迷思。

㈡工作內容與工作量

一份工作的內容是否吻合員工的興趣及社交的需求，而其工作量

是否超過體力或使其無法參與社交（家庭與朋友），也是員工對工作的要求之一。

㈢參與決策

員工對於自我需求的認同會愈隨著工作的貢獻及知識的成長而增強，另外其對個人在組織中參與決策的角色及聲望也愈受重視。

㈣挑戰性及未來發展與升遷機會

工作與人類的需求相同，愈高層級愈難滿足，最後自我的實現需求層面對工作的挑戰性與未來發展及升遷的機會，往往是員工對工作是否繼續的最重要因素。

三、餐旅業常用的激勵方法

㈠新進人員歡迎會

讓員工覺得他們是被歡迎及肯定的，並由最高階主管代表組織告訴他們「很高興你加入我們，希望你能喜歡這裡！如有任何疑問請不要客氣的提出」，或介紹公司意見箱等可以雙向溝通的所有方法。

㈡新進人員訓練

有許多餐旅業者設計了周密的職前訓練，這是令人相當興奮的事，因為周密而良好的訓練正代表組織對員工的重視程度。同時，也有足夠時間多給新人們指導，並提供組織正確期望的方向。

㈢在職指導與訓練

在職指導與訓練是一項持續而非正式的活動。主管與員工的關係就有如教練與隊員。一些讚美的用語，如「謝謝」、「非常好」、「不要

緊張你一定可以做得到的」以及「你的工作效率很棒」等，不過是簡單一句且不需花費太多時間，但是卻會讓員工對主管心存感激，對工作以及他們本身也可滿足自我的需求。

㈣培育內部訓練員

許多餐旅業者實施所謂的訓練員專案，對員工激勵有以下作用：
1. 鼓勵優秀的員工參與，一方面肯定員工工作的績效，另一方面亦可讓員工擔任最初階的教導性工作。
2. 透過訓練員的專案讓優秀的員工可以接受公司中級幹部的培育。
3. 訓練員可以經由訓練員工的過程中，養成基層主管的教導技能，同時也可以累積帶領下屬的經驗。

㈤跨部門訓練

餐旅業者為了培育及激勵優秀的員工，常會利用公司現有資源輪訓或輪調欲培育的員工，不但可以讓員工有更多的專業技能，更可激勵員工不同領域的潛能，進而肯定自我的能力，讓員工對於餐旅業的興趣可以更持久。

㈥鼓勵內外部比賽

餐旅業者經常舉辦的員工禮儀、技能或服務模範等的活動，或是相關單位舉辦的菜餚創意比賽等，或安排向業界、地方或是全國紀錄挑戰的活動。目的在於發掘具有潛力的員工，更可為員工做專業進階的相關準備。

㈦服務改善建議專案

許多業者為激勵員工的工作能力，建立一套員工服務改善建議專案，不但可以讓員工有機會與主管溝通，也不會讓他們感覺與組織有距離。有些公司喜歡採用正式的專案性質，員工可以寫下建議，然後投入

建議箱內。有時為鼓勵員工提出建議，會有獎金、出國旅遊或免費用餐等的獎勵方式。這種專案的好處是可以得到一些深思熟慮的建議，而壞處則是有些人會不好意思或是不知如何寫下自己的建議。有些餐旅業的領導者則喜歡採取「門戶開放政策」。鼓勵員工隨時隨地和他們討論；此法的優點是開放政策可促使內部溝通協調無礙，整體管理氣氛更融洽；缺點則是有些員工可能會做人身攻擊及不論大小事皆向上報告的丟猴子心態。

㈧各種觀摩及實習的機會

餐旅業者因經常與國內外相關業者有互動的機會，為了使員工具有國際觀經常會設計出國旅遊、觀摩及實習之獎賞的激勵方案。不但可以激勵優秀的員工，亦可提升內部人員的服務，使其國際化或具有更廣闊的產業觀。

㈨讚美員工

服務業的主管最重要的領導技巧之一是：讚美＋讚美＝完美。當主管由衷地褒獎一名員工時會：

1. 提高部門士氣：經常美言令整體工作環境融洽。
2. 建立適當行為：以讚美優良表現來取代責罵錯誤行為。
3. 鼓勵肯定：無論員工貢獻是多還是少，只要達成工作目標，就給予讚美。

㈩工作績效評估

定期的工作績效檢討有助於保持高度的員工原動力。在這些正式的檢討中首先以員工實例來解釋何謂正確及優秀的工作表現。當主管與員工討論及指出問題時，更需要提供員工所有可行的改善建議。

㈡員工認股制度

　　餐旅業雖然沒有像半導體業那麼榮景，但仍有部分營運績效不錯的業者開放員工認股制度，一方面讓員工可以對企業的經營更具成本概念及業績推展的企圖心，最重要的是成為公司真正夥伴的感覺是沒有任何激勵制度可以比擬的。

 專欄11-1

加薪是唯一激勵員工的好方法嗎？

　　許多管理階層的主管經常將屬下流動率的主因歸納於「薪資不滿意」，本人因從事餐旅人資主管多年，據員工離職原因統計及調查的結果顯示，因薪水問題離職的員工多數屬於新人或較基層的員工。愈是高階領導的離職往往與公司未來發展及自己在組織中的肯定度為主要原因，而中階主管的離職原因則多數為與主管的相處及管理、授權等意見分歧的問題。

　　而加薪是否就可以解決新人或基層員工的離職問題呢？據作者多年來的觀察，加薪後的員工若對於主管管理及未來發展等問題未得到滿意的解決時，百分之九十的員工仍會選擇離職，另外那百分之十的員工會選擇用逃避面對問題的方式。對於組織而言真是賠了夫人又折兵，既然主管認為加薪可以解決員工離職的問題，但為何又有這些令人不解的統計數字出現呢？原因真的很簡單，因為員工的各種需求並未被滿足，而就如第一節中所提的「薪資」與福利方面只是員工對組織最基本的需求，這部分滿足了便有了下一個階段的需要，而公司老是以為員工只對薪資在意，所以管理階層也只重視這一部分而忽略了其他層級的需求，導致不良的離職現象一再發生而不自知！

　　激勵員工講求的是整體制度的完整及部門主管是否落實於平日

的管理上，以下列出幾項重點以供參考：

1. 對於平日工作需親自向員工解說職責上所必備的工作技能及主管所期望的工作績效。

2. 主管需用心了解每一位員工，並針對個人適當的使用各種可以真正激勵員工的技巧。

3. 建立透明且公開的溝通途徑及管道，並鼓勵每一位員工適切的使用。

4. 儘量讓員工參與和本身有關的決策，並善用及接受員工有效的建議或提案。

5. 不要吝嗇主管應有的讚美，永遠記得讚美勝過指責。

6. 設定健全薪資及升遷制度，依據員工工作表現適時的加以調整，以強化及鞏固員工的向心力。

7. 有計畫地培育接班主管並適時的授權，萬一屬下發生問題不要逃避要勇於承擔，作好一個領導者應有的風範。

8. 尊重每一位員工獨特的能力並加以適當的訓練，以利培養各階段不同需求的人才。

第二節　溝通的技巧與運用

　　餐旅業講求服務的理念及技巧，而在「客訴抱怨」及「危機處理」的運作上，「溝通協調」的能力往往決定了顧客的後續滿意程度，所以每一位餐旅人在晉升主管時，訓練的課程中一定會有「如何增進溝通協調能力」這一堂課。人資部門扮演了雇主與員工之間橋樑的角色，人資主管的溝通技巧尤其重要，而人資部門也必須善於利用各種不同的溝通途徑，讓員工的真正心聲可以暢通，而公司的所有政策也皆能正確地傳達給所有的人員。

一、溝通的技巧

㈠善用溝通的三要素

一般而言人與人在溝通時，使用了三種方式：聲音、視覺、語言。而這三要素在溝通時各占有不同的角色，所以良好的溝通需要破除只重視「語言」的迷失。以下列出幾種方法讓所有的溝通能更暢順

1. 如何適度運用聲音的方法，達到最好的溝通效果
   ⑴音調勿太平順以避免聽者失去興趣，要有抑揚頓挫以抓住聽者的注意力。
   ⑵說話速度不宜過快或過慢，並依據溝通的對象、場合、狀況等因素加以調整。
   ⑶勿用鼻或沈重的呼吸聲，良好清晰悅耳的音質有助於建立權威感和可信賴感。
   ⑷音量應該隨著不同需要而調整，切勿一成不變。
   ⑸避免太過頻繁的口頭禪，如你知道嗎！那個……等，另應依照聽者的程度或階級調整專業用語的應用（如旅館人常用旅館專業英文的用詞，應隨聽者而調整，以避免與聽者產生隔閡，而降低溝通的效果）。

2. 善用視覺的技巧，以達到最佳的溝通目的
   ⑴談話時應注視對方眼神以表重視與興趣。
   ⑵抬頭挺胸勿彎腰駝背，給聽者有專業、愉悅的感覺。
   ⑶運用手勢加強談話效果。
   ⑷注意表情的傳達，因為表情往往會不經意地洩露重要的資訊。

3. 語言的表達要精簡及重點說明，並要注意傾聽對方，才是雙向的溝通
   ⑴精簡及切題，只說與溝通主題相關的事。

⑵適度的解釋或舉聆聽者瞭解的案例。

⑶不要咬文嚼字，使用直接易懂的字。

⑷針對個人說話時，應使用對方的名字，以表尊重對方。

⑸隨時查詢聽者是否確實瞭解或重複對方的問題以真正釐清問題
或事實。

⑹結束談話前應再重述一遍主題或問題，以便加強聽者的記憶或
使聽者有被尊重的感覺。

㈡積極主動的應對態度，往往是成功的溝通必要之條件

1.語言：對說話者可持續運用簡短的言詞反應以鼓勵繼續發言。例
如：「真有趣」、「對」、「我瞭解」等。在談話中有疑問時應提
出問題，適時澄清。談話時，亦可用自己的詞句重複敘述對方的
意思。

2.非語言：積極的傾聽會給說話者非語句方式的回應。而最重要
的方式即為眼神接觸，同時要注意臉部表情和點頭。主動的聆聽
者也會注意觀察說話者的非語句行為。說話者「如何」說一件
事，可能比他實際上說出來的事更重要。觀察說話者的非語句行
為可以幫助自己發現隱藏在說話者背後的真正意念。

3.精神專注：聆聽時應集中精神注意對方所表達的主要意念，將
談話內容簡化成重點摘要。為使自己在心理上完全投入溝通，可
以自問是否有需要進一步瞭解的資料或不懂的地方。

4.摘錄重點：在溝通的過程中做重點紀錄是需要的，尤其是客訴
抱怨時非常重要的一項技巧，但在與員工做較隱密性事件的溝通
時，員工會忌諱主管的紀錄，所以此項技巧應該要視實際狀況而
調整。

二、餐旅業常用的雙向溝通

　　餐旅服務業重視員工工作的服務態度，但若在一個高壓無法紓解情緒的工作環境，任何員工都沒有辦法將愉快的心情表露，更無法讓顧客感受到精緻的服務。許多餐廳或旅館一進去就可以感受到「晦暗」、「蕭殺」之氣的原因，大概也跟員工都將此怨恨之氣發洩到客人身上有關吧！所以餐旅經營者在重視經營成本及利潤的同時，應多花一點時間在員工的情緒協調及勞資和諧上，如此一來才有辦法達成雙贏的局面。

　　目前餐旅業常用的雙向溝通方法非常的多，各種方法及分析說明如下。

㈠公司各項規定及政策的布達

1.新進員工說明會(Orientation)

　　各家雖採用不同的課程內容但目的皆很明顯，讓員工在最短的時間內了解公司的各項重要政策、各項設施、服務的精神與理念、禮儀的規定、出勤等的規章，以期讓新人在短時間內適應公司的各種企業文化與規定。

2.員工手冊(Staff Handbook)

　　每一位正職員工在完成報到手續後，依規定至人資部門領取員工手冊，所有的正式資料及規定都清楚的記載在這本手冊上，包含公司成立的概況、最高階主管（董事長、總裁或總經理）的致詞及對員工的期望、工作規則（依照法令規定並報請相關單位核備後，許多公司多將其放入員工手冊中。內容請參閱第十章）、各項人事管理的規定（如出勤、請假、試用、福利、獎懲、退休、各種訓練、績效考核等）、各種服務紀律規定（如服裝儀容、禮儀、接聽電話正確步驟、服務顧客的各項規定等）、勞工安全衛生守則（內容請參閱第九章）、各項員工活動的說明、團體保險契約等項目。

3.公告(Memo)

公司的各項最新訊息的公布，最常使用的方法就是發公告。一般旅館皆會設立各部門的信箱，將欲公布的公告發放至各部門的信箱中即可。而目前拜網際網路的發達，已經達到只需郵寄至各部門的網站上即可。各部門皆設置內部公布欄，再張貼出來公告給所有員工知曉，實在節省許多以往人力傳達的時間，但有時也因傳遞過程有誤而延遲重要訊息的轉達，所以最好能再將重要的訊息張貼於全公司的公布欄為宜。

4.員工公布欄(Staff Poster)

幾乎每一家餐廳或旅館都會設置員工公布欄，它是最經濟及最有效的一種訊息傳遞法，每一位餐旅人都很清楚上班後的第一件事就是要看公布欄，它有許多與工作有關的最新訊息。如今天的主廚特別菜、銷售的重點、班表及年假的排定、人資部門的最新公告（如員工職位的異動、各項最新人事規定、獎懲公告、訓練及轉調的機會、假期的公告、績效獎金及工作獎金的公告等）。

(二)建立各種上、下及平行溝通的途徑

1.公司內部刊物或設立員工溝通交流網站(Staff Magazine/Staff Web)

(1)公司刊物：多半由人資部門聯合其他有興趣的員工共同編列的內部員工刊物，以定期或不定期的方式出刊，內容可包括大家長的致詞、公司最新的訊息、員工的各種訊息交流（如結婚、生子、生日公告等）、員工投稿等。

(2)員工溝通交流網站：因為需要較高的資訊系統及技術管理，並非每一家餐旅業者皆有設置，也有部分旅館的網站上會放部分欄位屬於內部訊息的公告，讓員工也有機會上網抒發自己的意見。如麥當勞就設置有「麥當勞夥伴溝通區」，內部設置有系統公告（公告此區的性質及最新的訊息等）、頭條新聞（公司最新產品或服務等），另有版主或管理部門擺放的各種公司產品或公

司本身等的介紹、留言板（供員工留言專用）、討論區（由員工
發揮一個主題讓上網的員工共同討論）、聊天室（供員工聊天所
用）等，讓員工有一共有的園地可以抒發情緒及聯誼。

2. 定期員工溝通會議(Communication Meeting)

定期舉辦員工溝通會議，由人資部門負責統籌管理，組織的最
高管理單位派員參與，回覆每一次的員工疑慮或問題並由人資部門
做成會議記錄公告員工，以落實真正的雙向溝通。有些公司會採用
年度或半年期由總裁或總經理舉辦溝通會議，有如「張老師時間」
沒有其他主管的參與，讓員工能真正達到暢所欲言的效果。

3. 員工意見箱(Staff Comment MailBox)

依據法令規定餐旅業者幾乎都有設置員工意見箱，由管理單位
負責定期開啟並回覆員工問題，以增加勞資的互動。

4. 員工意見調查表(Staff Questionnaire)

部分業者設有員工意見調查表，放置於意見箱的附近以利員工
方便使用，收件者可設定為人資部或總經理室，並做定期性回覆
（以公告或刊載在員工刊物中的方式回覆）。

5. 員工申訴專線(Staff Complain Line)

針對連鎖性事業的員工意見溝通，部分公司會由某一單位專職
或兼任性的接聽員工申訴電話，並將其作成紀錄轉至人資部門負責
回覆。

6. 各種面談（Interview）

新人適用期滿面談、考核面談、部門抽查面談甚至離職前的面
談（許多公司離職單的索取必須經由人資主管，所以會有所謂的離
職前面談，其目的為可減緩員工因一時氣憤而做成的決定、可了解
各部門主管的管理現狀、員工的離職心態及藉此知道外部競爭者的
狀況等）等，都可以達成雙向溝通的目的。

專欄11-2

有效溝通降低勞資糾紛

「聽說公司下一波不但要減薪還要裁員！」、「XX部門的主管昨天已經被老總當面Lay off（資遣）了，聽說還哭了一場才打包行李回家吃自己！」、「近幾個月公司營運很差，雖然還沒有打算Fire員工，但是不支薪休假的天數還要增加，我一家老小要如何生活呢？」、「公司新的出勤管理辦法不是很合理，到底是誰決定的！為什麼都沒有人來說明一下，難道員工是隱形人還是空氣不成？」、「你有沒有聽說我們部門要被裁撤，為什麼主管都沒有說一句話也沒有爭取呢？」。

不景氣或公司處於動盪不安時，最常出現以上各種耳語，且愈傳愈烈搞到最後人資部或總經理管理室都必須出面澄清。最重要的因素在於部分公司的決策單位，神神秘秘的會商且不將許多事物公開透明化，以致於許多小道消息不脛而走。以筆者任職人資主管多年經驗，對於主管或員工的查詢，總回答「對不起，我真的很遜居然連這種事都不知道！如果是公司的政策或人事異動一定會有正式的公告或異動單，來昭告天下。請大家專心工作不要讓這些小事來困惱，如果是真的也是大環境的影響公司才會做如此決策，大家也需要共體時艱一起攜手度過，不然公司沒了大家也只好各自尋找自己的未來了」。

人資部門在許多的政策宣告上也要善盡職責，許多主管會認為一則公告就可以了，但我個人以為如果是不好消息或對員工的福祉有很大影響的政策，最好的方式是以會議的性質辦理，除了公告外也可以讓部門主管及員工提出疑問，以減少因溝通不良而產生重大的勞資糾紛。

另外，在辦理懲戒員工、降職、資遣及開除等重要事件時，應先行準備好所有的資料，並須演練如何向員工說明此狀況及該員工可能會做的反應，必要時需與總經理等有決策能力的人先行備妥各種解決方案，並要有良好的談判能力，以期讓彼此的傷害減到最低。

第三節　問題與討論

一、個案

　　莉莉是公司新僱用的部門副主管，雖然在僱用之初人資主管與總經理曾提出不同意的意見，但因部門主管李協理的堅持任用，為尊重部門主管的用人權，人資主管只能提醒待試用期滿後再作處理。三個月很快就過了，莉莉的表現雖然沒有人資主管及總經理預期的不適任，但實在也好不到可以擔負該部門的副主管。雖然人資主管建議李協理以「延長適用期」到半年為緩衝的做法，但李協理仍信心滿滿地批准莉莉的適用期滿考核表。

　　半年後因為許多事件的發生，更因為該部門員工的反彈，李協理求助於人資主管希望能夠將莉莉降職及減薪，但人資主管卻礙於法令的規定，堅持無法照辦，更因為已經告知部門主管多次且建議無效，人資主管希望由李協理自行處理，兩人為此僵持不下，最後只好勞動總經理出面協調後，由人資主管以專案性質資遣該員。

二、個案分析

　　此案例說明了溝通協調的重要性，人員的任用需要特別謹慎，部門主管及人資主管的相關經驗也很重要，稍有不注意就有可能引發勞資糾紛，真是不可不慎重其事。以上案例說明了兩個重點：

(一)新任主管的任用須特別觀察

餐旅業的主管層級有時差異性很大，某家公司的副理不見得適用於自家公司同一等級的主管，雖然經驗可以略為證明專業的知識，但不代表全部，所以新任主管的適用期部門主管及人資主管都要特別用心，以確定該員工確實可用，必要時應可延長適用期以保證公司的權益。但是當主管發現員工表現不如預期時，應該如何處理才不會傷害員工，也可以維護公司用才的標準呢？首先須避免造成勞資糾紛，根據勞動基準法的規定，公司要調動員工的職位，必須與員工協商並符合以下五項原則，否則將有違反勞基法之嫌。

1. 企業經營上所必需。
2. 不得違反勞動契約。
3. 對勞工薪資及其他勞動條件，未作不利之變更。
4. 調動後工作與原有工作性質為其體能及技術所可勝任。
5. 調動工作地點過遠，雇主應予以必要之協助。

一般公司若降職多半會採新職務的薪水，如此一來就有可能違法，所以上例的人資主管，堅持不處理此案例是有他法令的考量；但若降職又不減薪對於現行的人員及公司薪資制度的公平性會有傷害。

(二)二位高階主管皆要負應有的責任

李協理未接受專業人資主管的建議，錄用了不適任的員工在先；又不聽勸告延長不適任員工的適用期在後，最後仍逃避不處理該員工的調動，應負主要的責任。

另外，人資主管在此案例中並未善盡職守，未堅持公司不適任者延長適用期的公司規定，是第一個錯誤。雖然部門主管的不負責任，但員工的懲戒、降職及開除等是人資主管的主要任務，可以等此事件結束後再報告總經理做適當的處分，而非意氣用事的與部門主管槓上，對於管理的專業與同事情誼皆有不良的影響。

　　無論員工表現如何，公司都應該儘早處置，而不是到最後才將員工降調職務；為了整體管理及服務著眼，千萬不要說服員工接受令他心不甘、情不願的職位，這樣對雙方都沒有好處。我非常贊成一句話，好聚好散，充分與員工溝通清楚讓他明白自己的優缺點及為何公司選擇資遣他的真正原因，並且讓他表達自己的想法與看法，以期將內心衝突降到最低。一般而言，員工在無激昂的情緒助燃下很快會恢復理智，因為畢竟留在要資遣他的公司做無謂的掙扎，不如讓自己轉戰其他舞台可能會有下一個春天。

三、問題與討論

　　快樂連鎖餐廳近來新聘一位高階主管，因為部分主管不願意配合相關的業務推展計畫，該名高階主管為建立權威便將其中帶頭的主管記過，由於過程雙方並未有良好的溝通以致於各持其詞並爭上檯面，並導致黑函滿天飛而影響公司整體的士氣。最後總經理希望人資主管調查整體事件的來龍去脈並懲處相關人員。請問如果你是人資主管你該如何應對此一棘手的事件？

第十二章

生涯發展與管理

□學習目標

✎餐旅業生涯發展與管理

✎員工生涯規劃作業

✎管理人員的養成計畫

✎問題與討論

天下雜誌第277期封面故事「30歲的焦慮」引起上班族廣大的迴響，許多人都覺得文章的描述，活生生就是自己的處境，在網路上激起討論並廣泛流傳並掀起一陣芭樂（吃苦耐勞的四、五年級生）與草莓族（嬌貴無法忍受壓力的六、七年級生）大論戰。由於發布社會的快速衰退、職場競爭壓力倍增、終身僱用制度的瓦解、高學歷的新鮮人不斷冒出等變動因素，再再都讓每個職場工作者陷入迷惘及危機之中。

餐旅業在這一波的人才競爭風潮下，也面臨一樣的問題。以往的老餐旅人好比芭樂族沒有耀眼的學歷，靠的是吃苦耐勞及不怕客人責罵、動不動就加班（沒有支付加班費）等的超人精神才有今日的成就。但是面對目前新人的起薪低、學歷高、語言能力強（許多人還是留美或留歐的驚人學歷），都讓這一群餐旅老兵戰戰兢兢，深怕一個不小心飯碗就被搶走了。

究竟該如何加強自己的競爭優勢，正確地規劃自己在餐旅業的生涯發展變得日漸重要，本章中將針對餐旅人的生涯發展與管理，說明及分析各項重點及技巧。

第一節 餐旅業生涯發展與管理

生涯發展與管理在組織中的角色

餐旅業從業人員的生涯發展與管理與一般產業並未有多大的不同，它所涵蓋的內容不外乎包括了重要專業技能的學習，餐旅專業語言及客訴、公關技巧的成熟，管理經驗的吸收及各種顧客抱怨與談判手法的純熟等項目，才能在餐旅業有長遠的發展潛力。

㈠員工生涯與組織需求的關係

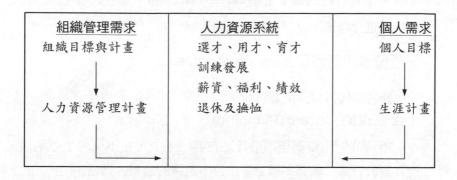

組織管理需求	人力資源系統	個人需求
組織目標與計畫	選才、用才、育才	個人目標
↓	訓練發展	
	薪資、福利、績效	↓
人力資源管理計畫	退休及撫恤	生涯計畫

圖12-1　員工生涯與組織需求關係

　　由圖12-1可得知員工生涯的發展主要關鍵在於員工個人、公司人力資源系統的規劃、組織目標及發展的計畫等三大因素。

1.組織管理需求

　　組織為一追求利潤的團體，其需求目標為一動態的過程，影響的因素極為複雜，包括世界政經發展局勢、整體經濟變動、社會脈動及組織本身發展及體質等因素的影響。因為變動的過程十分頻繁，員工必須不斷地調整計畫的內容才有辦法在組織下生存。

2.人力資源管理計畫

　　在組織的需求及目標設定後，人力資源的所有功能皆應隨著組織目標的變動而調整，而非一成不變的。例如組織的利潤降低後，年度目標調整為人力緊縮政策，人力資源的設定因此而轉為保守，所有的用才計畫也因此而變動，工時及契約性人才的需求轉強，此一趨勢為適應組織的需求變動而調整。

3.員工個人因素

　　重點在於個人的興趣、自我了解及肯定，進而結合組織人力

培育與運用，實現自我的潛能於職場中。員工應由進入職場第一天就應訂定自己的職業生涯(Career Planning)，並且隨著工作的長久不斷地進行修正，以適應時代的腳步。

(二)生涯發展的定義(Career Development)

生涯發展包括以下兩個層面：

1.生涯規劃(Career Planning)

所謂的生涯規劃指的是員工在其一生中，在不同的生涯階段、歷程對於行業、職業、職位等一連串選擇的過程。透過：

(1)自我興趣、性向、能力等的評估。

(2)對自我學經歷、機會、選擇等的認知。

(3)自我對生涯相關目標的擬定。

(4)接受與工作相關的訓練及發展後。

進而分析自我未來發展方向、整體就業環境等客觀因素後，計畫一套具體的執行方案。

2.生涯管理(Career Management)

指的是組織系統針對員工的興趣、能力及生涯計畫和在組織中機會及發展等，相互配合進行準備及執行。生涯管理包括了一連串的人力資源管理及計畫活動，如工作輪調、教育訓練、生涯評估、主管（接班人）養成計畫等項目，來確保個人生涯目標與組織發展規劃能有效且密切的結合。

專欄12-1

組織生涯發展的功能

　　人力資源管理架構應以生涯發展為基礎。唯有從發展的結構面觀之，組織才能留住優秀人才；唯有從發展的角度觀之，才能增進員工的工作滿足與幸福感，並達成組織的最大效能。因此，組織生涯發展的功能，對員工的好處有：

1. 提升個人工作滿足感。
2. 獲得個人潛能充分發展的機會。
3. 工作更具意義，提高個人工作生活品質。
4. 提早為生涯進階做準備。
5. 對未來更具方向性。

對組織的好處：

1. 提升企業的生產力。
2. 改善員工工作態度。
3. 員工較具忠誠度。
4. 發展與提升組織內員工。
5. 降低員工離職率。
6. 增進組織績效表現。

資料來源：人力資源管理的十二堂課：組織生涯發展、規劃與管理，連雅慧，P.201。

第二節　員工生涯規劃作業

　　餐旅業的員工要如何自我生涯規劃才有辦法與組織發展密切結合，除了自我的專業素養外，還有哪些需要學習呢？目前餐旅業的最新趨勢為企業內部的職場輪調，其最重要的目的為訓練餐旅人在不同領域是否都能發揮出最大效益，是否能夠讓自己在任何部門生存並且扛負重責，成為企業主最不可或缺的全方位得力助手！以下為作者在餐旅業界十多年的經驗，建議所有餐旅人參閱，相信假以時日應該會有一番成就。

一、有計畫規劃自己在餐旅業的生涯

㈠明確認知自己的興趣與專長

1.餐旅業有許多部門須要有不同專業的人員參與，在進入此一行業時最基本的認知不是如何得到好的職位，而是要確認自己是否適合服務業及興趣的所在。

2.若因自己某方面能力不足時，更應有從基層做起的心理準備，餐飲部及房務部的工作是一個很好的開始，不但可以奠定好的作業能力，更可熟悉餐旅內部的組織及主管，對於自己日後升遷及轉調都是很好的踏腳石。

㈡努力學習各種基礎作業的技巧

1.餐旅基層人員每日例行性的工作十分繁瑣，如何讓自己在短時間內熟悉各種專業技能，是需靠努力的工作進而學習到其中的竅門。

2.主動積極、認真穩定的個性，是每一位主管所喜好的員工特質，也

是日後升遷的重要關鍵因素。

㈢踏穩腳步邁向下一個目標

1. 當基層職位學習及磨練數年後，應為自己基礎管理能力作準備，以迎戰下一個職位的挑戰。
2. 努力學習專業外國語文（如日語或英語等），為自己下一個目標（如前檯或業務行銷等）前線部門繼續努力。
3. 目前許多員工喜歡至國外遊學或留學，對此一趨勢筆者頗為認同，因為如此一來不但可以增加國際觀，更可以提升專業及語文能力。但首先必須確認自己的真正興趣所在及未來人生的規劃及目標，而非盲目地追隨流行的熱潮。
4. 餐旅業是一個可為終身努力的行業，如何樂在工作中是秉持於對服務的一種熱忱，並在餐旅業中找到適合自己的定位，進而發揮專長！

二、運用公司各項訓練課程提升自己各方面的專業及能力

㈠積極參與人事部門及各部門相關的訓練。（其內容細節請參閱第五章的訓練與發展部分）

㈡申請交換訓練(Cross Training)提升相關專業知識

交換訓練為跨單位訓練，如餐廳服務員可申請至廚房或吧檯學習相關的技能，以利對整體餐飲運作有更深入的了解。亦可申請跨部門的交換訓練，如房務部辦公室人員可以申請到前檯總機接受訓練，以作成日後轉任其他部門或支援時的基礎。

㈢參與儲備人員訓練計畫(Management Trainee Program)以利主管知識的養成

此訓練的目的為有計畫培養具有潛力的優秀人員，使其兼具科學管理正確觀念，專門技術知識及餐旅作業的實務經驗。充實組織的人力資源並適時提供人力需求，健全公司管理體制及有計畫的網羅人才。

㈣努力爭取各種進階訓練的機會

1. 組織內部進階訓練內容包括海外研習、海外觀摩考察或各項技術比賽、國內外訓練機構舉辦的各種訓練活動或比賽。藉以上活動可得到：
   ⑴對外的研習、觀摩、考察等訓練，增廣見聞，以激發工作的創意，增近管理效率及功能。
   ⑵吸收他人的長處以運用於組織及自身工作上。
   ⑶配合整體組織人力資源才能發展計畫，有計畫的培育人才。
   ⑷提升公司的國際聲譽。
   ⑸各種國際性專業知識。
2. 國內受訓機構：有計畫地依據自己生涯規劃表（如表12-1）的內容，逐一檢視自己所需的專業或相關的知識，積極爭取相關的受訓機會（部分公營機構常會有免費的受訓機會，應要常常注意相關訊息。）

表12-1　員工生涯規劃檢視表範例(Career Planning Review Sheet)

職務名稱	工作期間	專業技能	績效表現	訓練計畫及發展目標
餐廳服務生	1 年 0 月	1. 基本餐飲服務技巧。 2. 餐廳清潔作業。 3. 基本飲料知識。 4. 菜單的認識。	□優等 □甲等 □乙等 □丙等	1. 準備升遷。（自行預估十個月以後） 2. 參加訓練部課程。 □專業知識。（各種餐服技巧） □食品營養及衛生。 □菜餚製作的認識。 □其他。（自行計畫並列出）
資深服務員	0 年 10 月	1. 各種宴會服務技巧。 2. 各種飲料的調製。 3. 餐廳各種準備及結束作業。 4. 基本食品營養及衛生。 5. 各項促銷專案的配合及執行。	□優等 □甲等 □乙等 □丙等	1. 準備升遷。（自行預估六個月以後） 2. 參加訓練部課程。 □管理技能（領班課程）。 □行銷課程 □訓練訓練員 □其他（自行計畫並列出）

三、為全方位的管理能力做準備

　　為促進與顧客的良好關係，餐旅從業人員除了要有自己部門的專業能力外，還須要具備以下管理能力才有辦法提升自我競爭優勢，進而開拓自己的生涯發展。

㈠熟悉組織各項設備及各部門的運作

　　餐旅業的服務是全面性的，顧客很少會分辨那項工作屬於那個部門管理或提供，為讓客人能得到最快速及正確的服務，餐旅從業人員應熟悉組織內部各部門的營業形態及時間、各種促銷的訊息及特點、各部門管理的重點及未來發展的趨勢等等。

㈡具有了解及分析自我的能力

一個成熟的餐旅人應有自我優缺點分析的能力,如何保有自我優點及特色,讓自己的缺點及人格的弱點逐漸修正,雖然很困難但為了能在此行業有更寬廣的發展,這部分的能力應要自我提升。方法可由高階主管面談時紀錄其對自我的評價及建議、顧客的回饋、員工對自我領導能力的認同度、平行主管對自我共識的感受等方面尋找,因為這些人將會是影響自我管理及發展重要的因素。

㈢自我提升管理能力

1.如何提升自我的企劃能力

許多餐旅人幾乎都不重視企劃能力,尤其以基層主管晉升的中階主管,因為永遠都在「公司既定的目標及政策」下做事,有朝一日要自己企劃一個活動或專案時,往往不知所措。除了靠人資部外派訓練或請專業講師來做內訓的機會外,每一次不同部門推出不同活動時,就是一個很好學習的機會。餐旅人應該破除門戶之見,支援別的部門不等於加重自己的工作,其實就是另類的訓練,還不需要花一毛錢就可以學到難能可貴的經驗,何樂而不為呢?

2.執行力

執行能力在管理中屬於動力部分,沒有這部分的績效所有的管理都是紙上談兵,所以不管政策的執行度多困難也要盡力去完成,而藉由過程的經驗提升及克服困境的處理能力,慢慢地由做中學習及吸收相關經驗,這點是花再多的金錢也沒有辦法買到的。

3.管控力

針對部門的人力成本、預算的計畫及執行的各項管理及控制能力,是未來利潤降低及外在競爭力強的組織唯一生存之道,所以對各項費用的管控力提升也是組織中幹部最重要的責任。

㈣具備與相關部門溝通協調的能力

與自己部門關係最密切的各個部門及單位，若能與之維繫良好關係及互動，對本身的工作完成與提供給顧客的服務及各項目標的達成率上，必可得到有效及迅速的支援及協助。

㈤主動積極及細心徹底的個性

餐旅服務的工作十分繁瑣與複雜，若無細心及徹底的個性是無法應付多變的顧客需求；國際觀光旅館的顧客來自世界各國，有不同的需求及獨特性，若無主動積極的服務理念，是很難做到 "Home Away from Home"的賓至如歸境界。而餐廳面臨到的是日益挑剔的顧客，無法讓顧客滿意的主管，相信也沒有辦法讓組織接受成為主要的幹部。

㈥口才訓練及簡報能力提升技巧

餐旅業的主管除了需要有高人一等的溝通協調能力，更需要有良好的口才及簡報能力，原因是工作上常需要說服顧客及安撫員工，一個無法表達自我的主管可能也無法真正與生氣中的顧客溝通，更不要提到要如何帶領屬下。而主管級的人員經常需要簡報工作的績效，若無法適度讓高階主管知道自己的工作能力與績效，最好的人才也會被淹沒，所以自我表達的能力是很重要的，雖然這部分可能需要靠天賦異稟，但靠自我的訓練也是有辦法達成。餐旅業常有訓練員的訓練或相關課程的規劃，平時若有準備就不怕臨時再來抱佛腳了。

㈦養成多方面蒐集客訴處理的紀錄及技巧

對於處理過各種客訴抱怨的案例，應培養做成記錄的習慣，許多餐旅業有客戶抱怨處理檔案的電腦資訊系統，但對於有心做好餐旅管理的人員，應再加強細節上的記錄習慣（轉化為自己獨霸武林的絕世武功秘笈），才有辦法在競爭性強的餐旅業受到上級主管的賞識及得到各種升遷的機會。

專欄 12-2

自家的人永遠比較好用嗎？

你知道XX五星級飯店在明年要開了，想不想去試一試機會！」、「XX總經理跳槽到XX五星級飯店，他有沒有找你過去當主管呢？」、「聽說總公司又要派一位外籍總經理來管我們，真是有夠爛好不容易適應了舊總經理的管理模式，又要換一個新的，難道總公司沒有別的事好做了嗎？」。

每一次新開了一家五星級飯店，做人資主管總要緊張好一陣子，因為不曉得哪一個部門又要大搬風了，對手只要挖走一位部門主管總會有一串人員跟著走，尤其以國際連鎖旅館最嚴重。我常在思索這一個問題，投身新開旅館不但壓力超大、事務繁瑣、人員浮動且管理系統不穩定，為什麼總有那麼多人前仆後繼的投入，而且還樂此不疲？我曾問過一位五進五出公司的主管，為什麼要異動呢？薪水雖然高一些、職位也許高一等，但是值得嗎？因為真的好累！他的回答也耐人尋味，「同一個職位太久了，總想換一換環境；但換了環境以後不太能適應，所以又回來了」，此時我心中真是五味雜陳，該高興公司有那麼多機會及雅量讓他來來去去的，還是公司對員工生涯規劃系統出了問題。對於一個停滯未有新機構發展的公司，要留住好的人才真的很難，因為沒有適當的職位讓員工擔任，升遷的管道不暢通就會導致人才的流失，這也是我的老長官嚴長壽總裁堅持要開發顧問公司的主要原因，有了新的專案人才就有了流動，對整體組織的活力也增加了許多！

臺灣觀光旅館界的人才流動分兩種主要的趨勢，部分業者堅持培育自家人也對自家人的照顧疼愛有加，最具代表性的就是福華飯

店，近年來它的本土連鎖系統擴展的頗成功，許多主管也有許多不同的發展，對於人才的流失有一定程度的降低。而許多國際連鎖旅館就沒有那麼幸運，因為外國總經理經常的地異動讓許多部門主管缺少了安定感，所以每一次的轉調或逢同業同一等級的旅館開幕時，總是首當其衝的被挖角。

至於餐飲業因為屬性與觀光旅館差異極大，對於旅館的交叉影響很小，但同業間人才相互流動情況也是時有所聞，尤其近年來國際連鎖餐廳的加入讓餐飲人力市場的變動更加劇烈，美系餐廳講求培訓及主管年輕化也慢慢地影響了老式中西式餐廳的用才模式，讓許多老餐飲人備感壓力。雖然老式餐廳的主事者仍愛「自家人比較好用」的論調，但迫於餐飲主力顧客層日漸年輕化及擴充市場的需要等因素，不得不調整整體用才計畫。如筆者服務過的欣葉連鎖餐廳便吸收了許多美國星期五連鎖餐廳的人才，近年來極欲改變形象的本土連鎖海鮮餐廳「海霸王」，也對外徵募了許多旅館人及國外連鎖餐廳人才，再再顯示整體經濟及顧客發展趨勢才是影響人力資源設定的因素，而到底「自家的人永遠比較好用嗎？」也不再有非常肯定的回答了。

第三節　管理人員的養成計畫

餐旅業的管理養成自有一套與其他產業不同的系統，茲就現行業者執行的現狀加以分析及說明如下：

一、內部人員培訓及晉升

　　餐旅業的大部分經理人員除少數專業技能差異性過大（如公司主體是中式餐廳，但新事業體卻是日式餐飲），其餘多半由公司內部基層人員晉升，公司可以針對組織的需求設計一套各職等訓練內容、晉升條件等客觀因素，來確保主管級人員的水準可以達到公司的要求。（參閱表12-2）

表12-2　各職等訓練內容及晉升條件

職稱	訓練內容及晉升條件說明	備註：考試內容／地點
助理	1.公司行政事務處理基本技巧。（須完成公司相關行政訓練） 2.人員僱用、登報及請款等相關行政作業程序。 3.公司企業文化及服務精神。 4.訓練課程行政作業程序。 5.人員／勞健團保／福利辦理／各部門行政聯絡事宜。 6.員工抱怨初步處理。	1.考試內容 　學科：公司理念／服務精神 　　　　各項保險 　　　　勞基法 　術科：電話接聽禮儀 2.考試地點 　學科測試：人力資源部 　術科測試：待安排
副理	1.員工訓練規劃與執行技巧。（須完成相關內部及外派訓練） 2.建教合作事宜。 3.員工薪資調查及相關管理。 4.人員考勤稽核與協調處理。 5.審核各部門標準作業程序。 6.完成公司基層主管訓練課程。 7.主辦訓練訓練員。 8.人員面談初試。	1.考試內容 　學科：勞資糾紛處理 　　　　訓練訓練員 　術科：訓練講師技巧 　　　　員工面談技巧 2.考試地點 　學科測試：人力資源部 　術科測試：待安排

二、交換訓練(Cross Training)

　　為加強基層主管對組織各單位的各項專業技能，部分公司會要求升遷內容要包含某些相關單位的技能，如餐廳主管必須懂基本的廚房或吧檯的技能，以強化其日後管理及對整體餐飲運作能夠更深入。又如房務部主管人員必須到前檯接受接待訓練，以奠定日後與前檯密切溝通的基礎。

三、儲備人員訓練計畫 (Management Trainee Program)

　　此訓練應與前面兩項同時進行，除了由內部晉升的途徑外，另再開發具有潛力、學歷豐富的新進人員。其主要的目的為有計畫培養具有潛力的優秀人員，更要引進新血激發組織內部人員的向上心。就人力資源管理觀點而言一來可以充實組織的人力資源，再者為有計畫的網羅及訓練可用的優秀人才。

四、接班人計畫

　　許多大型企業震撼於此次911事件中，因為許多企業的重要核心人物及主管都不幸罹難，而該組織如果事先沒有完善的接班人計畫，那麼多年的經營努力將在此化為烏有。由上例可知企業若要永續經營，那麼接班人的計畫就要早日規劃。
接班人選擇的條件因公司的需求而異，但歸納其重點可分為為：

㈠符合公司企業文化及理念

　　除了可以在最短的時間內融入整個管理系統，最重要的是所有的主管與員工都不需要經過陣痛就可以再重生。

(二)具有完備的相關專業素養

對於目前唯才適用的環境，接班人必須要有一定程度的專業素養，才有辦法讓所有部門主管心服口服，更可以讓企業的經營不會毀在「外行人」的手上。

(三)具有良好的管理風格及口碑

許多「從天而降」的天將，最後仍搞得鎩羽而歸的地步，最重要的原因不是專業不足而是管理風格令人不敢領教。在多年前的旅館人力市場上，就盛傳著X大惡人排行榜，部分圈內高階主管的口碑差到只要他進入組織中，必會引發一陣天搖地動，許多人爭相走避！

(四)透過內部的晉升與培訓確認人才的可用度

人力資源部門在擬定接班人計畫時，首先必須配合企業發展及組織策略的需求，提前規劃未來所需要的接班人，並將相關人員的培訓及晉升預先做好妥善的規劃，利用不同階層、部門的轉化過程尋求最佳的候選人。

例如亞都麗緻大飯店嚴長壽總裁對於其接班人蘇國垚副總裁的培育過程是：實習幹部→房務部主管→前檯主管→人資主管→業務行銷主管→副總經理→總經理→副總裁。

他深深地感覺蘇副總裁是最理想的接班人，但最後卻因其個人生涯規劃（提早退休從事教職）而感受到無限惋惜，並公開喊話希望他可以考慮再重回他一見鍾情的對象－「旅館業」。

專欄 12-3

成為餐旅好主管的秘訣

　　觀光旅館業第一個本土總經理蘇國垚先生以二十多年的旅館人，給於年輕餐旅從業人員的幽默啟示，記載在他的第一本著作《位位出冠軍－讓每個職位的人都能成功》，其中將自己多年來帶人帶心的經驗傳承下來。對於一個雖然只讓他帶了七年卻對他感激一輩子的我，真是感同身受，茲以文中的秘訣與有心從事餐旅主管的年輕學子共勉之！

1.多聽、多看、多學、多問。
2.知人善用，用人不疑、疑人不用。
3.成為別人最好的共事夥伴。
4.戒口舌，不亂說話、不亂罵員工。
5.不批評上司和公司。
6.發揮創造力。
7.守信、重承諾。
8.以身作則。
9.主動協助其他部門，排除本位主義。
10.員工參與，集思廣益。
11.走動式管理。

資料來源：《位位出冠軍－讓每個職位的人都能成功》，蘇國垚、劉萍著，天下文化，2002。

第四節　問題與討論

一、個案

　　凱琳是一位已經從事餐旅人資主管多年的資深餐旅人，幾年前因為小孩教養問題毅然放下工作回歸家庭，但是隨著小孩的成長慢慢地她非常想再重回職場，但是目前人資工作十分辛苦，不但耗時費日更需要常常加班，讓她這一步怎麼也踏不出去，深怕家庭與職場無法兼顧，讓她非常困擾。

　　在昔日的老長官親情的召喚下，並提供了創先例的工作條件讓她心動不已，以半職或契約性的主管出任人資部門倒是頗有創意，但以她在人資十多年的經驗真的很懷疑它的可行性。

二、個案分析

　　本案例說明了許多職業婦女心中的困惑，因為努力創造出來的職場往往因為家庭因素，到最後卻拱手讓人心中的痛是外人無法理解的。其實餐旅女性主管百分之九十都有過相同的掙扎，不管如何決定一定要有所取捨。

　　作者的情況與上例雖然類似，只是我最後仍選擇了家庭和兼職教師為主業，除了三個年齡幼小的小孩問題，我仍有健康的因素要考量，自然與上例的情況不同。

　　以上案例說明了餐旅人職業生涯的規劃的兩個重點：

一、職場的生涯規劃應考慮到自己的家庭生活及身心的健康

在一般企業的生涯發展與管理中，較少考量到自我家庭與健康的因素，但作者以過來人的心聲及經驗，奉勸餐旅人要多重視此二者。餐旅業因工作時段的影響與家人的相處時間較少，但一定要充分利用每一分鐘與家人互動，以維護及增進彼此的情感。另外就是要多多注意自己的身體，餐旅主管因工作性質關係常須應酬及加班，但抽煙傷肺、喝酒傷肝應要想盡辦法降低，而輪班制使得生活作息不正常也極容易導致相關的病變。運動及心靈方面的課程近年來慢慢進入人力資源部的訓練內容中，許多業者甚至為高階主管規劃每年的健康檢查。因為沒有了健康，再好的人才與接班人都可能在一夜間流失，如此一來公司與員工的損失是無法以金錢來衡量的。

二、加強職場的危機管理

許多餐旅資深主管最近熱門話題中，除了如何增加自己的競爭優勢外，較悲觀的人員則為自己找尋第二生涯規劃，尤其以餐廳的主管為甚都很想自己開餐廳以免遭受被資遣或裁員的厄運；而旅館人則以轉戰休閒產業、自己開設民宿、轉任教職或轉業為主。資深餐旅人有時也頗感無奈，因為目前的大環境確實不利中年上班族的異動，但如果不該來的提早來了也必須要有所因應。除了積極管理自己的財務狀況，任何兼職的工作或顧問類的職場也相當適合，應該平日要多方面地蒐集資料及建立人脈的關係，慢慢培養自己多方位的職場，以確保自己能夠中年失業而無立即性的危機。最忌諱的就是終日渾渾噩噩過日子，等到領到一筆說多不多的資遣費，除了心靈創傷難以平復外，現實的經濟壓力才是最難應付的敵人，不可不慎。

三、問題與討論

　　力強是一位表現績優的餐廳經理，但最近總是鬱鬱寡歡而且表現也不如從前，看在人資楊總監的眼裡總覺得一定有不好的事要發生。果不其然在13號星期五的那天下午一點時，楊總監接到力強的口頭離職，離職的原因是家中的父母及妻兒聯合要求他能轉業，除了餐廳的上班時間過長無法與家人常聚，最主要的還是力強最近的一份身體檢查報告嚇到家人，原來他的肝臟出了問題。經與楊總監會談後力強說出自己兩難的困境，如果繼續工作身體的問題會更嚴重，但要他放棄自己所學的餐旅業（力強還花了兩年的時間及自費到歐洲去研讀餐飲），心中有一萬個不願意啊！請問如果你是人資主管你該如何解決力強的離職問題呢？

 **參考書目**

中文部分

1. 《現代旅館實務》，詹益政著，2001，揚智文化。
2. 《餐飲管理—理論與實務》，高秋英著，1994，揚智文化。
3. 《餐飲服務》，陳堯帝著，2001，揚智文化。
4. 《觀光旅館業人力資源管理》，黃良振著，1994，中國文化大學出版部。
5. 《總裁獅子心》，嚴長壽著，1997，平安文化。
6. 《服務管理》，S. Balachandran著，2001，弘智文化。
7. 《旅館業之前瞻性及發展方向—旅館業經理人員研習講義》，蘇國垚著，1992，台北市政府交通局印。
8. 《人力資源發展》，1995，簡建忠著，五南圖書。
9. 《策略性人力資源管理》，張火燦著，1998，揚智文化。
10. 《中國時報》，1991，林秀麗、夏念慈報導。
11. 《三明治教學法效能評估的研究—以旅館管理科為例》，吳菊、王斐青、羅常芳合著，1998，私立景文技術學院學院專題研究計畫成果報告。
12. 《亞都麗緻大飯店訓練規劃》，亞都麗緻大飯店。
13. 《圓山大飯店訓練規劃》，圓山大飯店。
14. 《人力資源管理》，黃英忠、曹國雄、黃同、張火燦、王秉鈞合著，1998，華泰書局。
15. 《磨出來的成功》，呂忠卓等譯，1986，民有文化。
16. 《觀光旅館業經營管理常用法規彙編》，交通部觀光局編印。
17. 《人力資源策略管理》，李漢雄著，2000，揚智文化。

18.《人力資源管理的十二堂課》，李誠主編，2002，天下遠見。

19.《2002年薪資調查資料》，104人力銀行，2003。

20.《2002年台北市觀光旅館薪資調查資料》，富都大飯店，2003。

21.《圓山大飯店員工工作規則》，圓山大飯店。

22.《台北市觀光旅館商業同業公會－工作規則》，財團法人陳林法學文教基金會。

23.《欣葉連鎖餐廳－工作規則》，欣葉連鎖餐廳。

24.《國賓大飯店員工工作規則》，國賓大飯店。

25.《獎工的發展》，羅業勤著，文化交流道第54期。

26.《急性職業傷害調查研究的感想》，台北護理學院管理係醫管組，楊英微著。

27.《出席瑞典國際職業衛生學會(ICOH)會後心得》，長榮航空公司，施蒨蒨醫師。

28.《行政院勞工委員會統計處－我國企業員工申訴制度》、1996。

29.《穿上顧客的鞋子》，陳文敏著，2002，天下遠見。

30.《旅館房務理論與實務》，張麗英著，2002，揚智文化。

31.《天下雜誌》，第277期，2003。

32.《位位出冠軍－讓每個職位的人都能成功》，蘇國垚、劉萍著，天下遠見，2002。

英文部分

1. *Training in Organizations-Needs Assessment, Development, and Evaluation*, Irwin L. Goldstein.

2. *Customer Service-Career Success through Customer Satisfaction*, Paul R. Timm/Prentice Hall, Inc.

3. *Model of Teaching,* Bruce Joyce and Marsha Weil/Prentice Hall, Inc., 1986.

4. *Managing Human Resources*, Schuler, R.S., 1995, West Publishing Co., 1995.

5. *Managing Careers: Policies and System*, James W. Walker,1985, The Free Press A Division of Macmillan, Inc.

MEMO

MEMO

MEMO

旅館暨餐飲業人力資源管理

著　　者／張麗英

出 版 者／揚智文化事業股份有限公司

發 行 人／葉忠賢

總 編 輯／閻富萍

登 記 證／局版北市業字第 1117 號

地　　址／台北縣深坑鄉北深路 3 段 260 號 8 樓

電　　話／(02) 8662-6826

傳　　真／(02) 2664-7633

印　　刷／鼎易印刷事業股份有限公司

初版一刷／2003 年 11 月

初版五刷／2012 年 7 月

ISBN ／957-818-562-6

定　　價／新台幣 450 元

網　　址／http://www.ycrc.com.tw

國家圖書館出版品預行編目資料

旅館暨餐飲業人力資源管理 ／ 張麗英著.
- 初版. -- 臺北市：揚智文化， 2003[民92]
　　　面 ； 公分

　ISBN 957-818-562-6（平裝）

　1. 旅館業 - 管理　2. 人事管理

489.2　　　　　　　　　　　92017118